全国农业技术推广服务中心测土配方施肥专项 兴　县

耕地地力评价与利用

牛建中　主编

U0298688

中国农业出版社

北京

本书是对山西省兴县耕地地力调查进行的评价，以便于加强兴县的农业发展。主要是充分应用"3S"技术进行耕地地力调查并应用模糊数学方法在成果评价的基础上，对兴县土地资源进行了概述并对兴县耕地状况及问题进行分析。在此基础上，应用大量调查分析数据对兴县耕地地力、耕地土壤属性、中低产田地力、耕地环境质量状况等进行研究，揭示了兴县耕地资源的基本情况及目前存在的问题，提出了耕地资源合理改良利用意见。本书可为各级农业科技工作者、农业决策者制订农业发展规划，调整农业产业结构，加快绿色、无公害农产品基地建设步伐，保证粮食生产安全，科学施肥，退耕还林还草，进行节水农业、生态农业以及农业现代化、信息化建设提供科学依据。

本书共六章。第一章：自然与农业生产概况；第二章：耕地地力调查与质量评价的内容和方法；第三章：耕地土壤属性；第四章：耕地地力评价；第五章：中低产田类型、分布及改良利用；第六章：耕地地力评价与测土配方施肥。

本书适宜农业、土肥科技工作者以及从事农业技术推广与农业生产管理的人员阅读。

编 写 人 员 名 单

主　　编：牛建中
副 主 编：高卫香
编写人员：牛建中　张晓玲　高卫香　康晓军
　　　　　李田田　苗茂森　杨景泉　王美玲
　　　　　齐晶晶　陈海鹏　潘永刚　刘　勇

序

  土壤是农业生产的基地，也是农业生产的基本生产资料，它既是人类赖以生存和发展的最基本的物质基础，又是一切物质生产最基本的源泉，是人们获取粮食及其他农产品不可替代的生产资料。土壤是一种十分重要的自然资源，保护土壤资源，要因地制宜地进行合理的农、林、牧布局结构，注意生态平衡。我们应特别清醒地认识到耕地资源对农业生产的发展、对人们物质生活水平的提高，乃至对整个国民经济的发展都有着巨大的影响。

  为适应我国农业发展的需要，确保粮食安全和增强我国农产品竞争力，促进农业结构战略性调整和优质、高产、高效、安全、生态农业的发展。针对当前我国耕地土壤存在的突出问题，2008年在农业部精心组织和部署下，兴县成为第二批测土配方施肥项目县，根据《全国测土配方施肥技术规范》积极开展了测土配方施肥工作，同时认真实施耕地地力调查与评价工作。

  领导小组聘请农业系统及第二次土壤普查有关人员，组成技术指导组，与兴县农业农村局，县、乡科技人员共同努力，2020年完成了兴县耕地地力调查与评价工作。通过耕地地力调查与评价工作的开展，摸清了兴县耕地地力状况，查清了影响当地农业生产持续发展的主要制约因素，建立了兴县耕地地力评价体系，提出了兴县耕地资源合理配置及耕地适宜种植、科学施肥及土壤退化修复的意见和方法，初步构建了兴县耕地资源信息管理系统。这些成果为全面提高兴县农业生产水平，实现耕地质量计算机动态监控管理，适时提供辖区内各耕地基础管理单元土、水、肥、气、热状况及调节措施提供了基础数据平台和管理依据。同时，也为各级农业决策者制订农业发展规划、调整农业产业结构、加快绿色食品基地建设步伐、保证粮食生产安全以及促进农业现代化建设提供了第一手科学资料和最直接的科学依据，也为今后大面积开展耕地地力调查与评价工作，实施耕地综合生产能力建设，发展旱作节水农业、测土配方施肥及其他农业新技术普及工作提供了技术支撑。该书系统地介绍了耕地资源评价的方法与内容，应用大量的调查分析资料，分析研究了兴县耕地资源的利用现状及问题，提出了合理利用的对策和建议。该书集理论指导性和实际应用性为一体，是一本值得推荐的实用技术读物。该书的出版将对兴县耕地的培肥和保养、耕地资源的合理配置、农业结构调整及提高农业综合生产能力起到积极的促进作用。

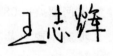

2021 年 12 月

耕地与人类的生活息息相关，粮食的质量、产量和农业生产的可持续性都由耕地的地力水平直接决定。耕地地力评价是根据耕地地力的基本影响因子对耕地的基础生产能力作出评价。耕地地力评价可以加强对现有耕地质量、面积和分布的认识，对国家粮食安全和农业可持续发展有重要意义。中华人民共和国成立以来，山西省兴县先后开展了两次土壤普查，土壤普查工作的开展，为兴县国土资源的综合利用、施肥制度改革、粮食生产安全作出了重大贡献。近年来，随着农村经济体制的改革，人口、资源、环境与经济发展矛盾的日益突出，农业种植结构、耕作制度、农业生产资料使用等方面的变化，产生了耕地数量锐减、土壤退化污染、水土流失等问题。为解决这些问题，开展耕地地力评价工作势在必行。

兴县耕地地力评价工作，于 2008 年 1 月开始，到 2020 年 5 月结束，完成了兴县 7 镇 10 乡 376 个行政村，742 个自然村，耕地面积 117 万亩的评价。按照《全国耕地地力调查与质量评价技术规程》和《全国测土配方施肥技术规范》要求，收集了兴县行政规划图、地形图、第二次土壤普查成果图、基本农田保护区划图、土地利用现状图、农田水利分区图等图件。收集了第二次土壤普查成果资料，基本农田保护区地块基本情况、基本农田保护区划统计资料，大气和水质量污染分布及排污资料，果树、蔬菜、棉花面积，品种、产量及污染等有关资料，农田水利灌溉区域、面积及地块灌溉保证率，退耕还林规划，肥料、农药使用品种及数量、肥力动态监测等资料。在全县约117万亩耕地上，共采集大田土壤样品6 800个。

本次耕地地力调查收集整理了大量数据，并完成了数据的计算机录入工作；基本查清了兴县耕地地力、土壤养分、土壤障碍因素状况，划定了兴县农产品种植区域；建立了较为完善的、可操作性强的、科技含量高的兴县耕地地力评价体系，以GIS技术及县域耕地资源管理信息系统软件（CLRMIS）和SQL分析等为平台基础，兴县耕地资源信息管理系统；提出了兴县耕地保护、地力培肥、耕地适宜种植、科学施肥及土壤退化修复办法；形成了具有生产指导意义的数字化成果图。收集资料之广泛、调查数据之系统、成果内容之全面是前所未有的。

运用GIS技术对兴县耕地地力进行调查和评价，比相对传统的方法更省时、省力、精准、高效，同时加快了耕地地力评价的结果应用于农业生产中，服务于农民，为农技人员指导农业生产、管理土地提供决策支持，也为农民科学施肥提供技术支撑和指导，更好地指导耕地的高效、合理利用，使农业增效、农民增收。为了将调查与评价成果尽快应用于农业生产，笔者在全面总结兴县耕地地力评价成果的基础上，引用大量成果应用实例和第二次土壤普查、土地详查有关资料，编写了《兴县耕地地力评价与利用》一书。该书比较系统地阐述了兴县耕地资源使用类型、区域分布、利用现状、质量状况、改良措施等，并将近年来农业推广工作中的大量成果资料录入其中，从而增加了该书的可读性和可操作性。

在本书编写的过程中，承蒙山西省土壤肥料工作站、山西农业大学资源环境学院、吕梁市土壤肥料工作站的热忱帮助和支持。兴县农业农村局，县、乡技术人员，在土样采集、农户调查、数据库建设等方面做了大量的工作。土样分析化验由大同市土壤肥料工作站检测中心、汾阳市土壤肥料工作站化验室、山西农业大学、兴县土壤肥料工作站化验室共同完成；图形矢量化、土壤养分图、数据库和地力评价工作由山西农业大学资源环境学院和山西省土壤肥料工作站完成；野外调查、室内数据汇总、图文资料收集和文字编写工作由兴县农业局完成，在此一并致谢。

编　者

2021年12月

目 录

第一章　自然与农业生产概况

第一节　自然与农村经济概况

兴县，春秋属晋，战国属赵，汉为西河郡地，北齐置县称蔚汾县，608 年改县名为临泉，624 年改名临津；627 年更名合河县，宋复称蔚汾，金改为兴州，1639 年始称兴县，后沿用至今。革命战争年代，兴县是晋绥革命根据地的首府，现有蔡家崖纪念馆。中华人民共和国成立后为兴县专员公署驻地，1952 年归忻县专区，1971 年改属吕梁地区。后撤销肖家洼乡、关家崖乡，并入城关镇，更名为蔚汾镇；撤销木崖头乡、白家沟乡，并入魏家滩镇；撤销裴家川口乡，并入瓦塘镇；撤销杨家坡乡，并入蔡家崖乡；撤销小善乡，并入孟家坪乡。区划调整后，全县辖 7 个镇、10 个乡，县政府驻蔚汾镇。2004 年归吕梁市。

一、地理位置与行政区划

兴县位于山西省西北部，吕梁市北端，东邻岚县，南连临县、方山县，北倚保德县，西隔黄河与陕西省神木市相望。地势北高南低，由东北向西南倾斜，海拔 1 000～2 000 米。地理坐标为北纬 38°5′～38°43′，东经 110°33′～111°12′，南北长 71 千米，东西宽 81 千米，土地总面积 3 169.28 千米^2（即 316 928.37 公顷），是山西省版图最大的县。

兴县属半干旱大陆性季风气候，气候寒冷。年均气温 8℃，1 月均温 −9℃，7 月均温 24℃，霜冻期为 9 月下旬至次年 4 月中旬，无霜期 125～175 天，多年平均降水量 500 毫米，河流依地形发育，主要有岚漪河、蔚汾河、南川河、湫水河等，与其他小河组成一系列枝状水系，属黄河水系。由于植被稀少，气候失调，这些河流每年出现干枯断流现象，夏秋之季降雨集中，表现为雨季涝，平时旱。全县农作物主要为旱作物，有高粱、玉米、谷子、莜麦、薯类、小麦、棉花、麻、豆类等。

兴县矿产资源丰富，全县已探明的矿种有煤炭、铝土矿、铁矿、硅、煤层气、石墨等 23 种，多数矿种品质优良，易于开采，其中，兴县煤铝属优势矿种。全县储煤面积约 2 000 千米^2，占全县总面积的 63%，是河东煤田的重要组成部分。总储量 461.54 亿吨，已探明储量 136 亿吨，其中埋藏在 1 000 米以内的储量为 71 亿多吨，平均发热量 32 967 千焦/千克，属优质动力煤和配焦煤。铝土矿探明储量 1.86 亿吨，远景储量大于 5 亿吨，分布面积 254 千米^2，是全省五大铝土矿区之一，三氧化二铝、二氧化硅的平均含量分别为 64.61% 和 7.78%，铝硅比值介于（5.81～11.52）∶1，位居全省各铝土矿区之首。煤层气预测储量达 2 000 亿米^3，形成了兴县得天独厚的资源优势。

兴县境内山峦起伏，沟壑纵横。东北高而西南低，自然形成一个斜坡。蔚汾河、岚漪河、南川河由东向西纵贯全县；石楼山、白龙山、黑茶山、大渡山、大平头山自北向南排列。把全县分割为中山地区、低山地区、丘陵地区和沿川河谷地区四大部分。

二、土地资源概况

据统计资料显示，兴县总土地面积为 465.65 万亩[①]，其中净耕地 117 万亩，占总土地面积的 25.13%；林业用地约 45.35 万亩，占总土地面积的 9.74%；草场用地 16.11 万亩，占总土地面积的 3.46%；宜林宜牧地约 188.66 万亩，占总土地面积的 40.52%；难利用地 78.48 万亩，占总土地面积的 16.85%；城乡、工矿、交通、水域、特殊用地 20.05 万亩，占总土地面积的 4.3%。

兴县 1983 年土壤分类为三大土类，9 个亚类，34 个土属，83 个土种；三大土类中以黄绵土为主，面积占 90.7%。1985 年山西省土壤分类系统，兴县土壤分为八大土类：棕壤、褐土、栗褐土、粗骨土、黄绵土、红黏土、新积土、潮土；9 个亚类：棕壤、淋溶褐土、淡栗褐土、粗骨土、黄绵土、红黏土、新积土、脱潮土、潮土；26 个土属：黄土质棕壤、黄土质淋溶褐土、花岗片麻岩质淋溶褐土、石英砂岩质淋溶褐土、黄土质淡栗褐土、红黄土质淡栗褐土、黑垆土质淡栗褐土、花岗片麻岩质淡栗褐土、石灰岩质淡栗褐土、砂页岩质淡栗褐土、石英砂岩质淡栗褐土、沟淤淡栗褐土、红黄土质淡栗褐土、坡积淡栗褐土、沟淤淡栗褐土、黑垆土质淡栗褐土、黄土质淡栗褐土、砂页岩质粗骨土、石灰岩质粗骨土、花岗片麻岩质粗骨土、砂页岩质粗骨土、黄土质黄绵土、红土质红黏土、冲积石灰性新积土、冲洪积脱潮土、冲洪积潮土；39 个土种：中厚层沙质壤土黄土质棕壤、中厚层沙质壤土黄土质淋溶褐土、薄层沙质壤土花岗片麻岩质淋溶褐土、中厚层沙质壤土麻岩质淋溶褐土、中厚层沙质壤土石英砂岩质淋溶褐土、中厚层沙质壤土黄土质淡栗褐土、耕种中厚层沙质壤土黄土质淡栗褐土、耕种壤土红黄土质淡栗褐土、耕种沙质壤土黑垆土质淡栗褐土、薄层沙质壤土花岗片麻岩质淡栗褐土、中厚层沙质壤土花岗片麻岩质淡栗褐土、薄层沙质壤土石灰岩质淡栗褐土、中厚层沙质壤土砂页岩质淡栗褐土、薄层沙质壤土石英砂岩质淡栗褐土、耕种沙质壤土浅位沙砾石层沟淤淡栗褐土、耕种沙质黏壤土洪积淡栗褐土、耕种沙质黏壤土少砂姜红黄土质淡栗褐土、黏壤土红黄土质淡栗褐土、黏壤土少砂姜红黄土质淡栗褐土、耕种沙质黏壤土坡积淡栗褐土、沙质黏壤土坡积淡栗褐土、耕种沙质壤土沟淤淡栗褐土、耕种沙质黏壤土深位沙砾石层沟淤淡栗褐土、耕种沙质壤土黄土状淡栗褐土、薄层沙质壤土砂页岩质粗骨土、薄层沙质壤土石灰岩质粗骨土、薄层沙质壤土花岗片麻岩质粗骨土、耕种沙质壤土黄土质黄绵土、壤土黄土质黄绵土、耕种壤质黏土少砂姜红土质红黏土、壤质黏土少砂姜红土质红黏土、耕种壤质沙土冲积石灰性新积土、耕种沙质壤土冲洪积脱潮土、耕种沙质壤土深位沙砾石层冲洪积脱潮土、耕种沙质壤土浅位沙砾石层冲洪积脱潮土、耕种壤土冲洪积潮土、耕种沙质黏壤土浅位沙砾石层冲洪积潮土、耕种沙质黏壤土深位沙砾石层冲洪积潮土、耕种沙质壤土冲洪积潮土。

兴县土壤的分布受地形、地貌、水文、母质、植被和人为因素的影响，较为复杂。由

---

① 亩为非法定计量单位，1 亩＝1/15 公顷。

于东北高而西南低，东边基本上是吕梁山的山脊，属吕梁山西坡，西靠黄河，所以非地带性分布较为明显，随着海拔的升高，垂直分布和隐域分布有一定的规律性。土壤母质主要有花岗片麻岩、石灰岩、砂页岩、黄土质、红土质、红黄土质等残积、坡积物以及次生黄土、河流冲积、洪积物。

1. 棕壤 是兴县重要的林区土壤类型，发育于针阔叶混交林草灌地带，主要分布在白龙山、黑茶山等东部土石山区，海拔 1 900 米以上，面积 4.3 万亩，占土壤面积的 0.63%。自然植被生长茂密，主要以针、阔叶林为主，腐殖质层较厚，土壤有机质含量 50～70 克/千克，宜发展林业生产。

2. 淋溶褐土 面积 16 万亩。分布于海拔 1 650～2 000 米的土石山区。自然植被以针、阔叶林为主，并辅有草灌，土壤有机质含量 40～130 克/千克，适宜发展林、牧业生产。

3. 栗褐土 面积为 88.63 万亩。主要分布于兴县东部海拔 1 350～1 800 米的中、低山区及河谷阶地较高处和黄河二级阶地。非耕作土壤植被较好，以草灌为主，土壤有机质含量 7～28 克/千克。应以植树造林为主，发展林、牧业生产。耕作土壤主要分布在河谷阶地较高处和黄河二级阶地。土层深厚，肥力较高，土壤有机质含量 7 克/千克左右，是较好的耕作土壤。应加强农田基本建设，发展水利，培肥地力，建成高产稳产农田。

4. 淡栗褐土 主要分布于海拔 1 300～1 600 米的东部 4 个乡的石质低山及丘陵沟壑区，均发育于不同岩石风化物上。

5. 黄绵土 面积 300 余万亩，广泛分布于海拔 1 400 米以下的黄土丘陵区，沟壑纵横，地形支离破碎，水土流失严重，土壤养分甚少，土壤有机质含量 2.5～9.0 克/千克。应整修梯田，防止水土流失，保水固土，培肥地力，建成高产基本农田。

6. 脱潮土 面积为 2.65 万亩。主要分布于河流两侧，常与潮土呈复域分布，土壤养分较高，土壤有机质含量 13 克/千克左右。应以培肥地力为主，发展水利，建成高产稳产基本农田。

7. 潮土 面积为 1.3 万亩。主要分布于河流阶地低洼处，水肥条件较好，土壤有机质含量 6～19 克/千克。作物产量较高，为理想的基本农田。以防洪排水为主，洪淤加厚活土层，培肥地力，平田整地，建设高标准基本农田。

三、自然气候与水文地质

（一）气候概况

兴县属于暖温带大陆性季风气候，由于受地形地貌、河流、植被等自然条件的影响，其特征是春季干旱多风，夏季高温多雨，秋季气温多变，冬季寒冷少雪。

1. 气温 境内由于受山高、沟多、陡、植被少，岚漪、蔚汾、南川 3 条河流较狭窄，黄河宽阔的影响，冷热十分明显，一般规律是随着海拔的升高，温度从西向东逐渐降低。

全年平均气温 7～10℃，东山地区年平均气温为 5℃、沿河地区为 11℃，东西相差

6℃，南北相差 0.1℃。7 月是一年中气温最高的月份，平均气温 23.8℃；最冷的 1 月，平均气温－5℃。土壤平均冻结期为 130 天，冻土深度为 90 厘米，最大 111 厘米。全年无霜期为 125～175 天。

2. 降水量　全县降水量为 450～550 毫米。

由于受坡面和中山地形抬升作用的影响，东山地区形成全县的降雨地带，年降水量在 550 毫米以上，西部沿黄河地区雨量较少，年降水量在 450 毫米以下。

全年降水量比较集中，主要分布在 7～9 月，以 8 月、9 月最多，降水量分别达 100 毫米以上。

蒸发量大于降水量，这是兴县气候的一个显著特点。据观察，年平均蒸发量 2 090.8 毫米，5 月、6 月最大，月蒸发量达 330.2 毫米，1 月至翌年 12 月最小，仅 39 毫米左右。

3. 光能　兴县年平均日照时数为 2 629 小时，全年太阳总辐射量为 586.15 焦/厘米^2，生理辐射量为 2 847 焦/厘米^2。但因耕作粗放，光能利用率仅达 0.4% 左右。

（二）水文

兴县属黄河水系，由于境内山岭重叠，沟壑纵横，山河交错，在山间沟壑都有大小不等的小河、小溪、泉水，所以水文网较为发育，这些水源汇集成 3 条较大的河流，即蔚汾河、岚漪河、南川河，注入黄河。3 条河流长 163 千米，流域面积 1 883.02 千米^2，占总流域的 63%。3 条河支流多为季节性河流，冬春之季干涸，夏秋之季山洪暴发水位猛增。

1. 地表水　兴县地表水主要受岚漪河、蔚汾河、南川河控制，共有清水流量 14 800 万米^3，由降水产生的径流量 13 950 万米^3，共计地表水量为 28 750 万米^3。

兴县多处平均径流量 2.533 亿米^3，最大年径流量 7.322 亿米^3，最小年径流量 0.595 亿米^3，主要集中于 7～9 月，占全年径流的 55%～75%，全县年输沙 2 200 万～3 300 万吨。

2. 地下水　在兴县地形地质条件下，地下水潜流汇集于河谷地带，这时，河谷地带便在地表水和地下水双重作用下，经常保持较高的地下水位，少数低洼地形成了沼泽地，这是河谷地带形成草甸化土壤的基本原因。

四、农村经济概况

2008 年，兴县生产总值达到 12.88 亿元，按可比价格计算，同比增长 6.7%。其中，第一产业增加值 2.12 亿元，同比下降 7.3%；第二产业增加值 7.78 亿元，同比增长 10.5%；第三产业增加值 2.97 亿元，同比增长 9.0%。三次产业占生产总值的比重分别为 16.5∶60.5∶23.1，对经济增长的贡献率分别为 16.5%、60.5%、23.1%。在第三产业中，交通运输和仓储邮政业增加值为 0.41 亿元，同比增长 11.4%；批发和零售业增加值 0.43 亿元，同比增长 0.5%；房地产业增加值 1.11 亿元，同比增长 5.9%。其他服务业增加值 0.41 亿元，同比增长 10.8%。全年全县人均生产总值 4 667 元，同比增长 6.0%。

2018 年，兴县农林牧渔业生产总值 8.96 亿元。其中，农业 3.24 亿元、林业 3.94 亿元、畜牧业 1.62 亿元、渔业 55 万元、农林牧渔专业及辅助性活动 0.16 亿元。农林牧渔业中间消耗总值 4.21 亿元，其中农业 1.37 亿元、林业 1.96 亿元、畜牧业 0.82 亿元、渔业 26 万元、农林牧渔专业及辅助性活动 0.067 亿元。2018 年全县农村居民人均收入为 5 039 元，较 2017 年增幅 12.7%。

2019 年，兴县农林牧渔业生产总值约 8.63 亿元。其中，农业 4.82 亿元、林业 1.93 亿元、畜牧业 1.59 亿元、渔业 73 万元、农林牧渔专业及辅助性活动 0.28 亿元。农林牧渔业中间消耗总值约 4.33 亿元，其中农业 2.38 亿元、林业 1.1 亿元、畜牧业 0.72 亿元、渔业 30 万元、农林牧渔专业及辅助性活动 0.13 亿元。

2019 年，兴县地区生产总值完成 113 亿元，增长 5.1%；固定资产投资完成 36.3 亿元，增长 11.4%；一般公共预算收入 17.7 亿元，增长 16.9%；社会消费品零售总额 18.8 亿元，增长 9.2%；城镇居民和农村居民人均可支配收入分别达到 23 218 元、5 785 元，增长 7.7% 和 14.8%。大多数指标增速排名均进入吕梁市前三。

第二节　农业生产概况

一、农业发展历史

兴县是一个历史悠久的农业县，据记载，早在先秦时期，祖先就在黄河岸边从事农业生产。现在耕种的土地，就是历代劳动人民长期开垦、培育、改良、利用的结果，但是在中华人民共和国成立前，人民血汗的结晶常被恶劣气候、河水泛滥和历代反动者的剥夺所干扰，土壤的熟化、用地养地不同程度地受到限制，因而农业生产发展十分缓慢。

中华人民共和国成立以后，党和政府十分关心农业生产和人民生活，发展了传统的耕作经验，积极支持推广不同的耕作方法，加快了土壤的熟化过程，推动了农业生产的飞跃发展，改良、利用也进入了一个新的阶段。2007 年全县粮食总产为 51 675 吨、油料产量为 6 663 吨、红枣产量为 1 273 吨、水果产量为 3 712 吨。2008 年全县粮食总产为 60 547 吨、油料产量为 9 490 吨、红枣产量为 6 897 吨、水果产量为 9 311 吨。2009 年全县粮食总产为 73 012 吨、油料产量为 13 002 吨、棉花产量为 0.8 吨、蔬菜产量为 3 437.5 吨、瓜果类为 3 423.4 吨、水果产量为 9 892.4 吨。2010 年全县粮食总产为 86 455.2 吨、油料产量为 12 502.4 吨、蔬菜产量为 2 419.5 吨、瓜果类为 3 936.3 吨、水果产量为 12 075.08 吨。见表 1-1。

表 1-1　兴县历年来主要农牧产品的总产量

年份	粮食（吨）	油料（吨）	棉花（吨）	水果（吨）	红枣（吨）	农民人均纯收入（元）
2007	51 675	6 663	—	3 712	1 273	1 172
2008	60 547	9 490	—	9 311	6 897	1 582
2009	73 012	13 002	0.8	9 892.4	—	1 738
2010	86 455.2	12 502.4	—	12 075.08	—	2 050

二、农业发展现状与问题

兴县光热资源丰富，园田化和梯田化水平较高，但水资源较缺，是农业发展的主要制约因素。全县耕地面积 117 万亩，其中水田水浇地面积 2.1 万亩，占耕地面积 1.79%。

2008 年，兴县农林牧副渔总产值为 38 204 万元。其中，农业产值 24 751 万元，占 64.79%；林业产值 2 792 万元，占 7.31%；牧业产值 10 258 万元，占 26.85%；渔业产值 36 万元，占 0.09%；农林牧渔服务业 367 万元，占 0.96%。

兴县农村经济发展势头良好，农作物播种面积稳中有增，种植业结构得到调整。2018 年全县主要粮食播种面积 60.825 万亩，其中谷物 37.045 5 万亩、豆类 15.414 万亩、薯类（折粮）8.365 5 万亩。主要粮食作物产量 10.265 1 万吨，其中谷物 5.856 4 万吨、豆类 1.092 5 万吨、薯类（折粮）3.316 2 万吨。经济作物生产情况：油类作物播种面积 7.810 5 万亩，总产量 0.113 万吨；中草药材播种面积 1.884 万亩，总产量 25 吨；蔬菜及食用菌播种面积 0.297 万亩，总产量 3 189 吨；瓜果类播种面积 1 005 亩，总产量 996 吨。水果种植面积 9.147 万亩，全年水果产量为 1.289 3 万吨。经济林生产情况：当年造林面积为 44.79 万亩；2018 年，全县年末存栏量牛 5 435 头、猪 46 489 头、羊 114 082 头、禽类 42.4 万只。肉类总产量猪肉 3 135 吨、牛肉 344 吨、羊肉 997 吨、禽肉 407 吨。

2019 年，兴县主要粮食播种面积 52.13 万亩，其中谷物 29.864 万亩、豆类 14.766 万亩、薯类（折粮）7.5 万亩。主要粮食作物产量 8.860 3 万吨，其中谷物 5.234 3 万吨、豆类 1.317 5 万吨、薯类（折粮）2.308 5 万吨。经济作物生产情况：油类作物播种面积 3.63 万亩，总产量 0.253 2 万吨；中草药材播种面积 0.322 5 万亩，总产量 170 吨；蔬菜及食用菌播种面积 0.376 5 万亩，总产量 3 441 吨；瓜果类播种面积 1 515 亩，总产量 1 515 吨。水果种植面积 9.73 万亩，全年水果产量为 1.144 5 万吨。经济林生产情况：当年造林面积为 15.05 万亩；红枣播种面积 17 万亩，总产量 2.295 万吨；核桃播种面积 37 万亩，总产量 6 000 吨。兴县年末存栏量牛 7 354 头、猪 24 511 头、羊 77 419 头、禽类 40.112 万只。出栏量牛 1 163 头、猪 32 012 头、羊 41 475 头、禽类 22.242 3 万只。渔业水产养殖面积 210 亩，总产量 37 吨。

第三节　耕地利用与保养管理

一、主要耕作方式及影响

兴县的农田耕作方式为一年一作，耕作深度一般 15～30 厘米。以利于打破犁底层，加厚活土层，同时还利于翻压杂草。

二、耕地利用现状，生产管理及效益

兴县种植作物主要以玉米、油料、小杂粮、苹果为主，兼种一些经济作物。耕作制度一年一作。灌溉水源有浅井、深井、水库；灌溉方式河水一般采取大水漫灌，井水一般采用畦灌。平均费用 60～80 元/（亩·次）。

效益分析：大豆平均亩产 80 千克，每千克售价 4.4 元，亩产值 352 元，亩投入 120 元，亩纯收入 232 元；玉米平均亩产 400 千克，每千克售价 2 元，亩产值 800 元，亩投入 350 元，亩纯收益 450 元；这里指的一般年份，如遇旱年，收入更低，甚至亏本。投入加大，收益降低。

三、施肥现状与耕地养分演变

兴县大田施肥情况是农家肥施用呈下降趋势。过去农村耕地、运输主要以畜力为主，农家肥主要是大牲畜粪便。1949 年全县仅有大牲畜 1.07 万头，随着中华人民共和国成立后农业生产的恢复和发展，到 1954 年增加到 2.16 万头。1967 年发展到 8.79 万头。1983 年以前一直在 10 万头左右徘徊。随着家庭联产承包责任制的推行，农业生产迅猛发展，到 1983 年，大牲畜突破了 10 万头。随着农业机械化水平的提高，大牲畜又呈下降趋势，到 2006 年全县仅有大牲畜 1.36 万头。猪和鸡的数量虽然大量增加，但粪便主要施入菜田、果园等效益较高的经济作物。因而，目前大田土壤中有机质含量的增加主要依靠秸秆还田。化肥的使用量，从逐年增加到趋于合理。据统计资料，化肥施用量（折纯量）1951 年，全县仅为 6 吨，1957 年为 219 吨，1973 年为 1 086 吨，1978 年 2 627 吨，1988 年为 5 340 吨，1998 年为 10 138 吨，2001 年为 11 021 吨。

2008 年，兴县平衡施肥面积 47 万亩，微肥应用面积 25 万亩，秸秆还田面积 40 余万亩，化肥施用量（实物）为 22 000 吨，其中氮肥 15 600 吨、磷肥 3 779 吨、复合肥为 2 621吨。

2017 年，根据兴县 117 个耕地质量监测点位取土化验结果显示，全县土壤有机质含量为 6.85 克/千克、全氮 0.54 克/千克、有效磷 6.63 毫克/千克、速效钾 146.15 毫克/千克。

2018 年，兴县化肥施用量（折纯量）3 416 吨。其中，氮肥 1 981 吨、磷肥 251 吨、钾肥 143 吨、复合肥为 1 041 吨。

2019 年，兴县化肥施用量（折纯量）3 488.1 吨。其中，氮肥 1 798.1 吨、磷肥 279.5 吨、钾肥 258.3 吨、复合肥为 1 152.2 吨。

2019 年，根据兴县 117 个耕地质量监测点位取土化验结果显示，全县土壤有机质含量为 7.65 克/千克、全氮 0.64 克/千克、有效磷 8.17 毫克/千克、速效钾 130.09 毫克/千克。与 2017 年相比，全县土壤平均有机质、全氮、有效磷均有明显增加，速效钾下降明显；与 40 年前的 1982 年相比，全县土壤平均有机质增加 2.74 克/千克，年增幅 0.006 85 克/千克，全氮平均增加 0.3 克/千克，年增幅 0.007 5 克/千克，有效磷平均增加 3.42 毫克/千克，年增幅 0.0855 毫克/千克，速效钾平均增加了 23.08 毫克/千克，年增幅 0.577 毫克/千克。

四、耕地利用与保养管理简要回顾

1985—1995 年，根据全国第二次土壤普查结果，兴县划分了土壤利用改良区，根据不同土壤类型、不同土壤肥力和不同生产水平，提出了合理利用培肥措施，达到了培肥土壤的目的。

1995—2008 年，随着农业产业结构调整步伐加快，实施沃土计划，推广平衡施肥，特别是 2008 年，测土配方施肥项目的实施，使全县施肥更合理，加上退耕还林等生态措施的实施，农业大环境得到了有效改变。近年来，随着科学发展观的贯彻落实，环境保护力度不断加大，农田环境日益好转。同时政府加大对农业投入。通过一系列有效措施，全县耕地生产正逐步向优质、高产、高效、安全迈进。

第二章 耕地地力调查与质量评价的内容和方法

根据《全国耕地地力调查与质量评价技术规程》和《全国测土配方施肥技术规范》（以下简称《规程》和《规范》）的要求，通过肥料效应田间试验，样品采集与制备，田间基本情况调查，土壤与植株测试，肥料配方设计，配方肥料合理使用，效果反馈与评价，数据汇总，报告撰写等内容、方法与操作规程和耕地地力评价方法的工作过程，进行耕地地力调查和质量评价。本次耕地地力调查和评价是基于 4 个方面进行的。一是通过耕地地力调查与评价，合理调整农业结构，满足市场对农产品多样化、优质化的要求以及经济发展的需要；二是全面了解耕地质量现状，为无公害农产品、绿色食品、有机食品生产提供科学依据，为人民提供健康安全食品；三是针对耕地土壤的障碍因素，提出中低产田改造、防止土壤退化及修复已污染土壤的意见和措施，提高耕地综合生产能力；四是通过调查，建立全县耕地资源信息管理系统和测土配方施肥专家咨询系统，对耕地质量和测土配方施肥实行计算机网络管理，形成较为完善的测土配方施肥数据库，为农业增产增效、农民增收提供科学决策依据，保证农业可持续发展。

第一节 工作准备

一、组织准备

根据《规程》和《规范》的要求，兴县土壤肥料工作站进行了充分的物质准备，先后配备了 GPS 定位仪、不锈钢土钻、电脑及软盘、钢卷尺、100 厘米^3 环刀、土袋、可封口塑料袋、水样瓶、水样固定剂、化验药品、化验室仪器以及调查表格等。并在原来土壤化验室的基础上，进行必要补充和维修，为全面调查和室内化验分析做好了物质准备。

二、技术准备

领导组聘请农业系统有关专家及第二次土壤普查有关人员，组成技术指导组，根据《规程》《山西省 2005 年区域性耕地地力调查与质量评价实施方案》和《规范》，制定了《兴县测土配方施肥技术规范及耕地地力调查与质量评价技术规程》，并编写了技术培训教材。在采样调查前对采样调查人员进行认真、系统的技术培训。

三、资料准备

按照《规程》和《规范》的要求，收集了兴县行政规划图、地形图、第二次土壤普查成果图、基本农田保护区划图、土地利用现状图、农田水利分区图等图件。收集了第二次土壤普查成果资料，基本农田保护区地块基本情况，基本农田保护区统计资料，大气和水质量污染分布及排污资料，果树、蔬菜、棉花面积，品种、产量及污染等有关资料，农田水利灌溉区域、面积及地块灌溉保证率，退耕还林规划，肥料、农药使用品种及数量、肥力动态监测等资料。

第二节　室内预研究

一、确定采样点位

（一）布点与采样原则

为了使土壤调查所获取的信息具有一定的典型性和代表性，提高工作效率，节省人力和资金，采样点参考县级土壤图，做好采样规划设计，确定采样点位。实际采样时严禁随意变更采样点，若有变更须注明理由。在布点和采样时主要遵循了以下原则：一是布点具有广泛的代表性，同时兼顾均匀性，根据土壤类型、土地利用等因素，将采样区域划分为若干个采样单元，每个采样单元的土壤性状要尽可能均匀一致；二是耕地地力调查与污染调查（面源污染与点源污染）相结合，适当加大污染源点位密度；三是尽可能在全国第二次土壤普查时的剖面或农化样取样点上布点；四是采集的样品具有典型性，能代表其对应的评价单元最明显、最稳定、最典型的特征，尽量避免各种非调查因素的影响；五是所调查农户随机抽取，按照事先所确定采样地点寻找符合基本采样条件的农户进行，采样在符合要求的同一农户的同一地块内进行。

（二）布点方法

1. 大田土样布点方法　按照《规程》和《规范》要求，结合兴县实际，将大田样点密度定为平原区、丘陵区平均每200亩一个点位，实际布设大田样点6 800个。一是依据山西省第二次土壤普查土种归属表，把那些图斑面积过小的土种，适当合并至母质类型相同、质地相近、土体构型相似的土种，修改编绘出新的土种图；二是将归并后的土种图与基本农田保护区划图和土地利用现状图叠加，形成评价单元；三是根据评价单元的个数及相应面积，在样点总数的控制范围内，初步确定不同评价单元的采样点数；四是在评价单元中，根据图斑大小、种植制度、作物种类、产量水平等因素的不同，确定布点数量和点位，并在图上予以标注。点位尽可能选在第二次土壤普查时的典型剖面取样点或农化样品取样点上；五是不同评价单元的取样数量和点位确定后，按照土种、作物品种、产量水平等因素，分别统计其相应的取样数量。当某一因素点位数过少或过多时，再根据实际情况进行适当调整。

2. 耕地质量调查土样布点方法　面源耕地土壤环境质量调查土样，按每个代表面积100亩布点，在疑似污染区，标点密度适当加大，按5 000～10 000亩取1个样，如污染区、灌溉区、城市垃圾或工业废渣集中排放区，农药、化肥、农用塑料大量施用的农田为调查重点。根据调查了解的实际情况，确定点位位置，根据污染类型及面积，确立布点方法。本次耕地地力调查，共布设面源质量调查土样53个。

二、确定采样方法

1. 大田土样采集方法

（1）采样时间：在大田作物收获后、秋播作物施肥前进行。按叠加图上确定的调查点位去野外采集样品。通过向农民实地了解当地的农业生产情况，确定最具代表性的同一农户的同一块田采样，田块面积均在1亩以上，并用GPS定位仪确定地理坐标和海拔高程，记录经纬度，精确到0.1″。依此准确方位修正点位图上的点位位置。

（2）调查、取样：向已确定采样田块的户主，按农户地块调查表格的内容逐项进行调查并认真填写。调查严格遵循实事求是的原则，对那些表述不清楚的农户，通过访问地力水平相当、位置基本一致的其他农户或对实物进行核对推算。采样主要采用S法，均匀随机采取15～20个采样点，充分混合后，按四分法留取1千克组成一个土壤样品，并装入已准备好的土袋中。

（3）采样工具：主要采用不锈钢土钻，采样过程中努力保持土钻垂直，样点密度均匀，基本符合厚薄、宽窄、数量的均匀特征。

（4）采样深度：为0～20厘米耕作层土样。

（5）采样记录：填写2张标签，土袋内外各具1张，注明采样编号、采样地点、采样人、采样日期等。采样同时，填写大田采样点基本情况调查表和大田采样点农户调查表。

2. 耕地质量调查土样采集方法 根据污染类型及面积大小，确定采样点布设方法。污水灌溉农田采用对角线布点法；固体废物污染农田或污染源附近农田采用棋盘或同心圆布点法；面积较小、地形平坦区域采用梅花布点法；面积较大、地势较复杂区域采用S布点法。每个样品一般由20～25个采样点组成，面积大的适当增加采样点。采样深度一般为0～20厘米。采样同时，对采样地环境情况进行调查。

3. 果园土样采集方法 根据点位图所在位置到所在的村庄向农民实地了解当地果园品种、树龄等情况，确定具有代表性的同一农户的同一果园地进行采样。果园在果品采摘后的第一次施肥前采集。用GPS定位仪定位，依此修正图位上的点位位置。采样深度为0～40厘米。采样同时，做好采样点调查记录。

4. 土壤容重采样方法 大田土壤选择5～15厘米土层打环刀，打3个环刀；蔬菜地选择在10～25厘米土层打环刀，打3个环刀；剖面样品在每层中部位置打环刀，打3个环刀。土壤容重点位和大田样点、菜田样点或土壤质量调查样点相吻合。

三、确定调查内容

根据《规范》要求，按照"测土配方施肥采样地块基本情况调查表"认真填写。本次调查的范围是基本农田保护区耕地和园地（包括蔬菜、果园和其他经济作物田），调查内容主要有 4 个方面：一是与耕地地力评价相关的耕地自然环境条件，农田基础设施建设水平和土壤理化性状，耕地土壤障碍因素和土壤退化原因等；二是与农产品品质相关的耕地土壤环境状况，如土壤的富营养化、养分不平衡与缺乏微量元素和土壤污染等；三是与农业结构调整密切相关的耕地土壤适宜性问题等；四是农户生产管理情况调查。

以上资料的获得，一是利用第二次土壤普查和土地利用详查等现有资料，通过收集整理而来；二是采用以点带面的调查方法，经过实地调查访问农户获得；三是对所采集样品进行相关分析化验后获得；四是将所有有限的资料、农户生产管理情况调查资料、分析数据录入到计算机中，并经过矢量化处理形成数字化图件、插值，使每个地块均具有各种资料信息，来获取相关资料信息。这些资料和信息，对分析耕地地力评价与耕地质量评价结果及影响因素具有重要意义。如通过分析农户投入和生产管理对耕地地力土壤环境的影响，分析农民现阶段投入成本与耕地质量直接的关系，有利于提高成果的现实性，引起各级领导的关注。通过对每个地块资源的充实完善，可以从微观角度对土、肥、气、热、水资源运行情况有更周密的了解，提出管理措施和对策，指导农民进行资源合理利用和分配。通过对全部信息资料的了解和掌握，可以宏观调控资源配置，合理调整农业产业结构，科学指导农业生产。

四、确定分析项目和方法

根据《规程》及《山西省耕地地力调查及质量评价实施方案》和《规范》的要求，土壤质量调查样品检测项目为：pH、有机质、全氮、碱解氮、全磷、有效磷、全钾、速效钾、缓效钾、有效硫、阳离子交换量、有效铜、有效锌、有效铁、有效锰、水溶性硼、有效钼 17 个项目；土壤环境检测项目为：硝态氮、pH、总磷、汞、铜、锌、铅、镉、砷、六价铬、镍、阳离子交换量、全盐量、全氮、有机质 15 个项目；果园土壤样品检测项目为：pH、有机质、全氮、有效磷、速效钾、有效钙、有效镁、有效铜、有效锌、有效铁、有效锰、有效硼 12 个项目。其分析方法均按全国统一规定的测定方法进行。

五、确定技术路线

兴县耕地地力调查与质量评价所采用的技术路线见图 2-1。

1. 确定评价单元 利用基本农田保护区规划图、土壤图和土地利用现状图叠加的图斑为基本评价单元。相似相近的评价单元至少采集一个土壤样品进行分析，在评价单元图上连接评价单元属性数据库，用计算机绘制各评价因子图。

2. 确定评价因子 根据全国、省级耕地地力评价指标体系并通过农科教专家论证来选择兴县县域耕地地力评价因子。

3. 确定评价因子权重 用模糊数学特尔菲法和层次分析法将评价因子数据标准化，并计算出每一评价因子的权重。

4. 数据标准化 选用隶属函数法和专家经验法等数据标准化方法，对评价指标进行数据标准化处理，对定性指标要进行数值化描述。

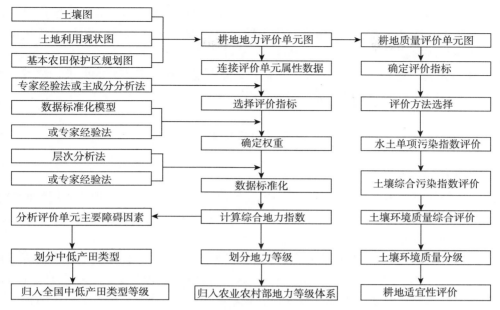

图 2-1　耕地地力调查与质量评价技术路线流程

5. 综合地力指数计算　用各因子的地力指数累加得到每个评价单元的综合地力指数。

6. 划分地力等级　根据耕地地力综合指数分布的累积频率曲线法或等距法，确定分级方案，并划分地力等级。

7. 归入全国耕地地力等级体系　依据《全国耕地类型区、耕地地力等级划分》（NY/T 309—1996），归纳整理各级耕地地力要素主要指标，结合专家经验，将各级耕地地力归入全国耕地地力等级体系。

8. 划分中低产田类型　依据《全国中低产田类型划分与改良技术规范》（NY/T 310—1996），分析评价单元耕地土壤主要障碍因素，划分并确定中低产田类型。

9. 耕地质量评价　用综合污染指数法评价耕地土壤环境质量。

第三节　野外调查及质量控制

一、调查方法

野外调查的重点是对取样点的立地条件、土壤属性、农田基础设施条件、农户栽培管理成本、收益及污染等情况全面了解、掌握。

1. 室内确定采样位置　技术指导组根据要求，在 1∶10 000 评价单元图上确定各类型采样点的采样位置，并在图上标注。

2. 培训野外调查人员　抽调技术素质高、责任心强的农业技术人员，尽可能抽调第二次土壤普查人员，经过为期 3 天的专业培训和野外实习，组成 6 支野外调查队，共 20 余人参加野外调查。

3. 严格取样 根据《规程》和《规范》要求，各野外调查支队根据图标位置，在了解农户农业生产情况基础上，确定具有代表性田块和农户，用 GPS 定位仪进行定位，依据田块准确方位修正点位图上的点位位置。

4. 填写表格 按照《规程》、省级实施方案要求规定和《规范》的要求，填写调查表格，并将采集的样品统一编号，带回室内化验。

二、调查内容

1. 基本情况调查项目

（1）采样地点和地块：地址名称采用民政部门认可的正式名称。地块采用当地的通俗名称。

（2）经纬度及海拔高度：由 GPS 定位仪进行测定。

（3）地形地貌：以形态特征划分为五大地貌类型，即山地、丘陵、平原、高原及盆地。

（4）地形部位：指中小地貌单元。主要包括河漫滩、一级阶地、二级阶地、高阶地、坡地、梁地、塬地、峁地、山地、沟谷、洪积扇（上、中、下）、倾斜平原、河槽地、冲积平原。

（5）坡度：一般分为≤2.0°、2.1°～5.0°、5.1°～8.0°、8.1°～15.0°、15.1°～25.0°、≥25.0°。

（6）侵蚀情况：按侵蚀种类和侵蚀程度记载，根据土壤侵蚀类型可划分为水蚀、风蚀、重力侵蚀、冻融侵蚀、混合侵蚀等，侵蚀程度通常分为无、明显、轻度、中度、强度、极强度 6 级。

（7）潜水深度：指地下水深度，分为深位（3～5 米）、中位（2～3 米）、浅位（≤2 米）。

（8）家庭人口及耕地面积：指每个农户实有的人口数量和种植耕地面积（亩）。

2. 土壤性状调查项目

（1）土壤名称：统一按第二次土壤普查时的连续命名法填写，详细到土种。

（2）土壤质地：国际制；全部样品均需采用手摸测定；质地分为：沙土、沙壤、壤土、黏壤、黏土 5 级。室内选取 10% 的样品采用比重计法（粒度分布仪法）测定。

（3）质地构型：指不同土层之间质地构造变化情况。一般可分为通体壤、通体黏、通体沙、黏夹沙、底沙、壤夹黏、多砾、少砾、夹砾、底砾、少姜、多姜等。

（4）耕层厚度：用铁锹垂直铲下去，用钢卷尺按实际进行测量确定。

（5）障碍层次及深度：主要指沙土、黏土、砾石、料姜等所发生的层位、层次及深度。

（6）盐碱情况：按盐碱类型划分为苏打盐化、硫酸盐盐化、氯化物盐化、混合盐化等。按盐化程度分为重度、中度、轻度等，碱化也分为轻度、中度、重度等。

（7）土壤母质：按成因类型分为保德红土、残积物、河流冲积物、洪积物、黄土状冲积物、离石黄土、马兰黄土等类型。

3. 农田设施调查项目

（1）地面平整度：按大范围地面坡度分为平整（<2°）、基本平整（2°～5°）、不平整（>5°）。

（2）梯田化水平：分为地面平坦（园田化水平高）、地面基本平坦（园田化水平较高）、高水平梯田、缓坡梯田、新修梯田、坡耕地6种类型。

（3）田间输水方式：管道、防渗渠道、土渠等。

（4）灌溉方式：分为漫灌、畦灌、沟灌、滴灌、喷灌、管灌等。

（5）灌溉保证率：分为充分满足、基本满足、一般满足、无灌溉条件4种情况，或按灌溉保证率（％）计。

（6）排涝能力：分为强、中、弱3级。

4. 生产性能与管理情况调查项目

（1）种植（轮作）制度：一年一作。

（2）作物（蔬菜）种类与产量：指调查地块上年度主要种植作物及其平均产量。

（3）耕翻方式及深度：指翻耕、旋耕、耙地、耱地、中耕等。

（4）秸秆还田情况：分翻压还田、覆盖还田等。

（5）设施类型棚龄或种菜年限：分为薄膜覆盖、塑料拱棚、温室等，棚龄以正式投入算起。

（6）上年度灌溉情况：包括灌溉方式、灌溉次数、年灌水量、水源类型、灌溉费用等。

（7）年度施肥情况：包括有机肥、氮肥、磷肥、钾肥、复合（混）肥、微肥、叶面肥、微生物肥及其他肥料施用情况，有机肥要注明类型，化肥指纯养分。

（8）上年度生产成本：包括化肥、有机肥、农药、农膜、种子（种苗）、机械人工及其他。

（9）上年度农药使用情况：农药作用次数、品种、数量。

（10）产品销售及收入情况。

（11）作物品种及种子来源。

（12）蔬菜效益指当年纯收益。

三、采样数量

在兴县约117万亩耕地上，共采集大田土壤样品6 800个。

四、采样控制

野外调查采样是本次调查评价的关键。既要考虑采样的代表性、均匀性，也要考虑采样的典型性。根据兴县的区划划分特征，分别在各乡（镇）一级阶地、二级阶地、三级阶地、稷王山及孤峰山前倾斜平原区、峨嵋丘陵区及不同作物类型、不同地力水平的农田，严格按照《规程》和《规范》要求均匀布点，并按图标布点实地核查后进行定点采样。在工矿周围农田质量调查方面，重点对使用工业水浇灌的农田以及大气污染较重的纸业、金属镁厂等附近农田进行采样；果园主要集中在一级阶地、二级阶地，所以在果园集中区进行了重点采样。整个采样过程严肃认真，达到了《规程》要求，保证了调查采样质量。

第四节　样品分析及质量控制

一、分析项目及方法

（一）物理性状

土壤容重：采用环刀法测定。

（二）化学性状

1. 土壤样品

（1）pH：土液比 1 : 2.5，采用电位法测定。

（2）有机质：采用油浴加热重铬酸钾氧化滴定法测定。

（3）全磷：采用氢氧化钠熔融——钼锑抗比色法测定。

（4）有效磷：采用碳酸氢钠或氟化铵-盐酸浸提——钼锑抗比色法测定。

（5）全钾：采用氢氧化钠熔融——火焰光度计或原子吸收分光光度法测定。

（6）速效钾：采用乙酸铵浸提——火焰光度计或原子吸收分光光度法测定。

（7）全氮：采用凯氏蒸馏法测定。

（8）碱解氮：采用碱解扩散法测定。

（9）缓效钾：采用硝酸提取——火焰光度法测定。

（10）有效铜、锌、铁、锰：采用 DTPA 提取——原子吸收分光光度法测定。

（11）有效钼：采用草酸-草酸铵浸提——极谱法测定。

（12）水溶性硼：采用沸水浸提——甲亚胺- H 比色法或姜黄素比色法测定。

（13）有效硫：采用磷酸盐-乙酸或氯化钙浸提——硫酸钡比浊法测定。

（14）有效硅：采用柠檬酸浸提——硅钼蓝色比色法测定。

（15）交换性钙和镁：采用乙酸铵提取——原子吸收分光光度法测定。

（16）阳离子交换量：采用 EDTA -乙酸铵盐交换法测定。

2. 土壤污染样品

（1）pH：采用玻璃电极法。

（2）铅、镉：采用石墨炉原子吸收分光光度法（GB/T 17141—1997）。

（3）总汞：采用冷原子吸收分光光度法（GB/T 17136—1997）。

（4）总砷：采用二乙基二硫代氨基甲酸银分光光度法（GB/T 17134—1997）。

（5）总铬：采用火焰原子吸收分光光度法（GB/T 17137—1997）。

（6）铜、锌：采用火焰原子吸收分光光度法（GB/T 17138—1997）。

（7）镍：采用火焰原子吸收分光光度法（GB/T 17139—1997）。

（8）六六六、滴滴涕：采用气相色谱法（GB 14550—2003）。

二、分析测试质量控制

分析测试质量主要包括野外调查取样后样品风干、处理与试验室分析化验质量，其质量的控制是调查评价的关键。

（一）样品风干及处理

常规样品如大田样品、果园土壤样品，应及时放置在干燥、通风、卫生、无污染的室内风干，风干后送化验室处理。

将风干后的样品平铺在制样板上，用木棍或塑料棍碾压，并将植物残体、石块等侵入体和新生体剔除干净。细小已断的植物须根，可采用静电吸附的方法清除。压碎的土样用2毫米孔径筛过筛，未通过的土粒重新碾压，直至全部样品通过2毫米孔径筛为止。通过2毫米孔径筛的土样可供pH、盐分、交换性能及有效养分等项目的测定。

将通过2毫米孔径筛的土样用四分法取出一部分继续研磨，使之全部通过0.25毫米孔径筛，供有机质、全氮、碳酸钙等项目的测定。

用于微量元素分析的土样，其处理方法同一般化学分析样品，但在采样、风干、研磨、过筛、运输、储存等诸环节都要特别注意，不要接触容易造成样品污染的铁、铜等金属器具。采样、制样推荐使用不锈钢、木、竹或塑料工具，过筛使用尼龙网筛等。通过2毫米孔径尼龙筛的样品可用于测定土壤有效态微量元素。

将风干土样反复碾碎，用2毫米孔径筛过筛。留在筛上的碎石称量后保存，同时将过筛的土壤称重，计算石砾质量百分数。将通过2毫米孔径筛的土样混匀后盛于广口瓶内，用于颗粒分析及其他物理性质测定。若风干土样中有铁锰结核、石灰结核、铁子或半风化体，不能用木棍碾碎，应首先将其细心拣出称量保存，然后再进行碾碎。

（二）实验室质量控制

1. 在测试前采取的主要措施

（1）按《规程》要求制订了周密的采样方案，尽量减少采样误差（把采样作为分析检验的一部分）。

（2）正式开始分析前，对检验人员进行了为期2周的培训：对检测项目、检测方法、操作要点、注意事项逐一进行培训，并进行了质量考核，为检验人员掌握了解项目分析技术、提高业务水平、减少误差等奠定了基础。

（3）收样登记制度：制定了收样登记制度，将收样时间、制样时间、处理方法与时间、分析时间逐一登记，并在收样时确定样品统一编码、野外编码及标签等，从而确保了样品的真实性和整个过程的完整性。

（4）测试方法确认（尤其是同一项目有几种检测方法时）：根据实验室现有条件、要求规定及分析人员掌握情况等确立最终采取的分析方法。

（5）测试环境确认：为减少系统误差，对实验室温湿度、试剂、用水、器皿等逐一检验，保证其符合测试条件。对有些相互干扰的项目分开实验室进行分析。

（6）检测用仪器设备及时进行计量检定，定期进行运行状况检查。

2. 在检测中采取的主要措施

（1）仪器使用实行登记制度，并及时对仪器设备进行检查维修和调整。

（2）严格执行项目分析标准或规程，确保测试结果准确性。

（3）坚持平行试验、必要的重显性试验，控制精密度，减少随机误差。

每个项目开始分析时每批样品均须做100%平行样品，结果稳定后，平行次数减少

50％，最少保证做 10％～15％平行样品。每个化验人员都自行编入明码样做平行测定，质控员还编入 10％密码样进行质量控制。

平行双样测定结果的误差在允许的范围内为合格；平行双样测定全部不合格者，该批样品须重新测定；平行双样测定合格率＜95％时，除对不合格的重新测定外，再增加 10％～20％的平行测定率，直到总合格率达 95％。

（4）坚持带质控样进行测定：

①与标准样对照。分析中，每批次带标准样品 10％～20％，在测定精密度合格的前提下，标准样测定值在标准保证值（95％的置信水平）范围的为合格，否则本批结果无效，进行重新分析测定。

②加标回收法。对灌溉水样由于无标准物质或质控样品，采用加标回收试验来测定准确度。

③加标率，在每批样品中，随机抽取 10％～20％试样进行加标回收测定。

④加标量，被测组分的总量不得超出方法的测定上限。加标浓度宜高，体积应小，不应超过原定试样体积的 1％。

加标回收率在 90％～110％的为合格。

$$回收率（\%）=\frac{测得总量-样品含量}{标准加入量}×100$$

根据回收率大小，也可判断是否存在系统误差。

（5）注重空白试验：全程空白值是指用某一方法测定某物质时，除样品中不含该物质外，整个分析过程中引起的信号值或相应浓度值。它包含了试剂、蒸馏水中杂质带来的干扰，从待测试样的测定值中扣除，可消除上述因素带来的系统误差。如果空白值过高，则要找出原因，采取其他措施（如提纯试剂、更新试剂、更换容器等）加以消除。保证每批次样品做 2 个以上空白样，并在整个项目开始前按要求做全程空白测定，每次做 2 个平行空白样，连测 5 天共得 10 个测定结果，计算批内标准偏差 S_{wb}

$$S_{wb}=\left[\sum（X_i-X\,平）^2/m（n-1）\right]^{1/2}$$

式中：n——每天测定平均样个数；

$\quad\quad m$——测定天数。

（6）做好校准曲线：比色分析中标准系列保证设置 6 个以上浓度点。根据浓度和吸光值按一元线性回归方程计算其相关系数。

$$Y=a+bX$$

式中：Y——吸光度；

$\quad\quad X$——待测液浓度；

$\quad\quad a$——截距；

$\quad\quad b$——斜率。

要求标准曲线相关系数 $r\geqslant0.999$。

校准曲线控制：①每批样品皆需做校准曲线；②标准曲线力求 $r\geqslant0.999$，且有良好重现性；③大批量分析时每测 10～20 个样品要用一标准液校验，检查仪器状况；④待测液浓度超标时不能任意外推。

（7）用标准物质校核试验室的标准滴定溶液：标准物质的作用是校准。对测量过程中使用的基准纯、优级纯的试剂进行校验。校准合格才能用，确保量值准确。

（8）详细、如实记录测试过程，使检测条件可再现、检测数据可追溯：对测量过程中出现的异常情况要及时记录、查找原因。

（9）认真填写测试原始记录，测试记录做到：如实、准确、完整、清晰。记录的填写、更改均制定了相应制度和程序。当测试由一人读数一人记录时，记录人员复读多次所记的数字，减少误差发生。

3. 检测后主要采取的技术措施

（1）加强原始记录校核、审核，实行"三审三校"制度：对发现的问题及时研究、解决，或召开质量分析会，达成共识。

（2）运用质量控制图预防质量事故发生：对运用均值－极差控制图的判断，参照《质量专业理论与实名》中的判断准则。对控制样品进行多次重复测定，由所得结果计算出控制样的平均值 X 及标准差 S（或极差 R），就可绘制均值－标准差控制图（或均值－极差控制图），纵坐标为测定值，横坐标为获得数据的顺序。将均值 X 做成与横坐标平行的中心级 CL，$X\pm3S$ 为上下警戒限 UCL 及 LCL，$X\pm2S$ 为上下警戒限 UWL 及 LWL，在进行试样例行分析时，每批带入控制样，根据差异判异准则进行判断。如果在控制限之外，该批结果为全部错误结果，则必须查出原因，采取措施，加以消除，除"回控"后再重复测定，并控制不再出现，如果控制样的结果落在控制限和警戒限之间，说明精密度已不理想，应引起注意。

（3）控制检出限：检出限是指对某一特定的分析方法在给定的置信水平内，可以是样品中检测的待测物质的最小浓度或最小量。根据空白测定的批内标准偏差（S_{wb}）按下列公式计算检出限（95％的置信水平）。

①若试样一次测定值与零浓度试样一次测定值有显著性差异时，检出限（L）按下列公式计算：

$$L=2\times2^{1/2}t_f\,S_{wb}$$

式中：L——方法检出限；

　　　t_f——显著水平为 0.05（单侧）、自由度为 f 的 t 值；

　　　S_{wb}——批内空白值标准偏差；

　　　f——批内自由度，$f=m(n-1)$，m 为重复测定次数，n 为平行测定次数。

②原子吸收分析方法中检出限计算：$L=3S_{wb}$。

③分光光度法以扣除空白值后的吸光值为 0.010 相对应的浓度值为检出限。

（4）及时对异常情况处理：

①异常值的取舍。对检测数据中的异常值，按 GB 4883 标准规定采用 Grubbs 法或 Dixon 法加以判断处理。

②因外界干扰（如停电、停水），检测人员应终止检测，待排除干扰后重新检测，并记录干扰情况。当仪器出现故障时，故障排除后校准合格的，方可重新检测。

（5）使用计算机采集、处理、运算、记录、报告、存储检测数据时，应制定相应的控制程序。

（6）检验报告的编制、审核、签发：检验报告是试验工作的最终结果，是试验室的产品，因此对检验报告质量要高度重视。检验报告应做到完整、准确、清晰、结论正确。必须坚持三级审核制度，明确制表、审核、签发的职责。

除此之外，为保证分析化验质量，提高实验室之间分析结果的可比性，山西省土壤肥料工作站抽查 5%～10%样品在省测试中心进行复核，并编制密码样，对实验室进行质量监督和控制。

4. 技术交流 在分析过程中，发现问题及时交流，改进方法，不断提高技术水平。

5. 数据录入 分析数据按《规程》和《规范》的要求审核后编码整理，与采样点逐一对照，确认无误后进行录入。采取双人录入相互对照的方法，保证录入正确率。

第五节 评价依据、方法及评价标准体系建立

一、评价原则依据

经专家评议，兴县确定了三大因素 14 个因子为耕地地力评价指标。

1. 立地条件 指耕地土壤的自然环境条件，它包含与耕地和质量直接相关的地貌类型及地形部位、成土母质、地面坡度等。

（1）地貌类型及其特征描述：兴县由平原到山地垂直分布的主要地形地貌有河流及河谷冲积平原（河漫滩、一级阶地、二级阶地）、山前倾斜平原（洪积扇上、中、下等）、丘陵（梁地、坡地等）和山地（石质山、土石山等）。

（2）成土母质及其主要分布：在兴县耕地上分布的母质类型有洪积物、壤质黄土母质（物理黏粒含量 35%～45%）。

（3）地面坡度：地面坡度反映水土流失程度，直接影响耕地地力，兴县将耕地依坡度大小分成 6 级（<2.0°、2.1°～5.0°、5.1°～8.0°、8.1°～15.0°、15.1°～25.0°、≥25.0°）进入耕地地力评价系统。

2. 土壤属性

（1）土体构型：指土壤剖面中不同土层间质地构造变化情况，直接反映土壤发育及障碍层次，影响根系发育、水肥保持及有效供给，包括有效土层厚度、耕层厚度、质地构型 3 个因素。

①有效土层厚度。指土壤层和松散的母质层之和，按其厚度（厘米）深浅从高到低依次分为 6 级（>150、101～150、76～100、51～75、26～50、≤25）进入耕地地力评价系统。

②耕层厚度。按其厚度（厘米）深浅从高到低依次分为 6 级（>30、26～30、21～25、16～20、11～15、≤10）进入耕地地力评价系统。

③质地构型。兴县耕地质地构型主要分为通体型（包括通体壤、通体黏、通体沙）、夹沙（包括壤夹沙、黏夹沙）、底沙、夹黏（包括壤夹黏、沙夹黏）、深黏、夹砾、底砾、通体少砾、通体多砾、通体少姜、浅姜、通体多姜等。

（2）耕层土壤理化性状：分为较稳定的理化性状（容重、质地、有机质、盐渍化程度、pH）和易变化的化学性状（有效磷、速效钾）两大部分。

①容重（克/厘米^3）。影响作物根系发育及水肥供给，进而影响产量。从低到高依次分为6级（≤1.00、1.01～1.14、1.15～1.26、1.27～1.30、1.31～1.4、＞1.40）进入耕地地力评价系统。

②质地。影响水肥保持及耕作性能。按卡庆斯基制的6级划分体系来描述，分别为沙土、沙壤、轻壤、中壤、重壤、黏土。

③有机质。土壤肥力的重要指标，直接影响耕地地力水平。按其含量（克/千克）从高到低依次分为6级（＞25.00、20.01～25.00、15.01～20.00、10.01～15.00、5.01～10.00、≤5.00）进入耕地地力评价系统。

④pH：过大或过小，作物生长发育受抑。按照兴县耕地土壤的pH范围，按其测定值由低到高依次分为6级（6.0～7.0、7.1～7.9、8.0～8.5、8.6～9.0、9.1～9.5、≥9.5）进入耕地地力评价系统。

⑤有效磷：按其含量（毫克/千克）从高到低依次分为6级（＞25.00、20.1～25.00、15.1～20.00、10.1～15.00、5.1～10.00、≤5.00）进入耕地地力评价系统。

⑥速效钾：按其含量（毫克/千克）从高到低依次分为6级（＞200、151～200、101～150、81～100、51～80、≤50）进入耕地地力评价系统。

3. 农田基础设施条件

（1）灌溉保证率：指降水不足时的有效补充程度，是提高作物产量的有效途径，分为充分满足，可随时灌溉；基本满足，在关键时期可保证灌溉；一般满足，大旱之年不能保证灌溉；无灌溉条件4种情况。

（2）梯（园）田化水平：按园田化和梯田类型及其熟化程度分为地面平坦（园田化水平高）、地面基本平坦（园田化水平较高）、高水平梯田、缓坡梯田、新修梯田、坡耕地6种类型。

二、评价方法及流程

1. 技术方法

（1）文字评述法：对一些概念性的评价因子（如地形部位、土壤母质、质地构型、质地、梯田化水平、盐渍化程度等）进行定性描述。

（2）专家经验法（特尔菲法）：在山西省农科教系统邀请土肥界具有一定学术水平和农业生产实践经验的34名专家，参与评价因素的筛选和隶属度确定（包括概念型和数值型评价因子的评分），见表2-1。

表 2-1　兴县耕地地力评价数字型因子分级及其隶属度

因　子	平均值	众数值	建议值
立地条件（C_1）	1.6	1（17）	1
土体构型（C_2）	3.7	3（15）5（13）	3
较稳定的理化性状（C_3）	4.47	3（13）5（10）	4
易变化的化学性状（C_4）	4.2	5（13）3（11）	5
农田基础建设（C_5）	1.47	1（17）	1

（续）

因　子	平均值	众数值	建议值
地形部位（A_1）	1.8	1（23）	1
成土母质（A_2）	3.9	3（9）5（12）	5
地面坡度（A_3）	3.1	3（14）5（7）	3
有效土层厚度（A_4）	2.8	1（14）3（9）	1
耕层厚度（A_5）	2.7	3（17）1（10）	3
剖面构型（A_6）	2.8	1（12）3（11）	1
耕层质地（A_7）	2.9	1（13）5（11）	1
容重（A_8）	5.3	7（12）5（11）	6
有机质（A_9）	2.7	1（14）3（11）	3
盐渍化程度（A_{10}）	3.0	1（13）3（10）	1
pH（A_{11}）	4.5	3（10）7（10）	5
有效磷（A_{12}）	1.0	1（31）	1
速效钾（A_{13}）	2.7	3（16）1（10）	3
灌溉保证率（A_{14}）	1.2	1（30）	1
园（梯）田化水平（A_{15}）	4.5	5（15）7（7）	5

（3）模糊综合评判法：应用这种数理统计的方法对数值型评价因子（如地面坡度、有效土层厚度、耕层厚度、土壤容重、有机质、有效磷、速效钾、pH、灌溉保证率等）进行定量描述，即利用专家给出的评分（隶属度）建立某一评价因子的隶属函数，见表2-2。

表2-2　参与评价因素的筛选和隶属度确定

评价因子	量钢	一级量值	二级量值	三级量值	四级量值	五级量值	六级量值
地面坡度	°	<2.0	2.0～5.0	5.1～8.0	8.1～15.0	15.1～25.0	≥25.0
有效土层厚度	厘米	>150	101～150	76～100	51～75	26～50	≤25
耕层厚度	厘米	>30	26～30	21～25	16～20	11～15	≤10
土壤容重	克/厘米^3	≤1.10	1.11～1.20	1.21～1.27	1.28～1.35	1.36～1.42	>1.42
有机质	克/千克	>25.0	20.01～25.00	15.01～20.00	10.01～15.00	5.01～10.00	≤5.00
pH		6.0～7.0	7.1～7.9	8.0～8.5	8.6～9.0	9.1～9.5	≥9.5
有效磷	毫克/千克	>25.0	20.1～25.0	15.1～20.0	10.1～15.0	5.1～10.0	≤5.0
速效钾	毫克/千克	>200	151～200	101～150	81～100	51～80	≤50
灌溉保证率		充分满足	基本满足	基本满足	一般满足	无灌溉条件	

（4）层次分析法：用于计算各参评因子的组合权重。本次耕地地力评价，把耕地生产性能（即耕地地力）作为目标层（G层），把影响耕地生产性能的立地条件、土体构型、较稳定的理化性状、易变化的化学性状、农田基础设施条件作为准则层（C层），再把影响准则层中的各因子的项目作为指标层（A层），建立耕地地力评价层次结构图。在此基础上，由34名专家分别对不同层次内各参评因子的重要性作出判断，构造出不同层次间的判断矩阵。最后计算出各评价因子的组合权重。

（5）指数和法：采用加权法计算耕地地力综合指数，即将各评价因子的组合权重与相应的因素等级分值（即由专家经验法或模糊综合评判法求得的隶属度）相乘后累加，如：

$$IFI = \sum B_i \times A_i \quad (i = 1, 2, 3, \cdots, 15)$$

式中：IFI——耕地地力综合指数；

　　　　B_i——第 i 个评价因子的等级分值；

　　　　A_i——第 i 个评价因子的组合权重。

2. 技术流程

（1）应用叠加法确定评价单元：把基本农田保护区规划图与土地利用现状图、土壤图叠加形成的图斑作为评价单元。

（2）空间数据与属性数据的连接：用评价单元图分别与各个专题图叠加，为每一评价单元获取相应的属性数据。根据调查结果，提取属性数据进行补充。

（3）确定评价指标：根据全国耕地地力调查评价指数表，由山西省土壤肥料工作站组织 34 名专家，采用特尔菲法和模糊综合评判法确定兴县耕地地力评价因子及其隶属度。

（4）应用层次分析法确定各评价因子的组合权重。

（5）数据标准化：计算各评价因子的隶属函数，对各评价因子的隶属度数值进行标准化。

（6）应用累加法计算每个评价单元的耕地地力综合指数。

（7）划分地力等级：分析综合地力指数分布，确定耕地地力综合指数的分级方案，划分地力等级。

（8）归入农业农村部地力等级体系：选择 10% 的评价单元，调查近 3 年粮食单产（或用基础地理信息系统中已有资料），与以粮食作物产量为引导确定的耕地基础地力等级进行相关分析，找出两者之间的对应关系，将评价的地力等级归入农业农村部确定的等级体系《全国耕地类型区、耕地地力等级划分》（NY/T 309—1996）。

（9）采用 GIS、GPS 系统编绘各种养分图和地力等级图等图件。

三、评价标准体系建立

1. 耕地地力要素的层次结构　耕地地力要素的层次结构见图 2-2。

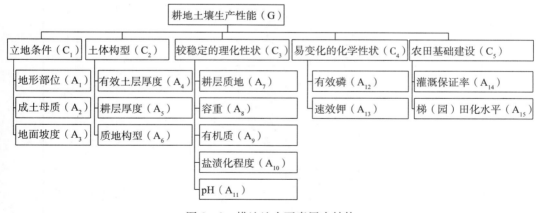

图 2-2　耕地地力要素层次结构

2. 耕地地力要素的隶属度

（1）概念性评价因子：各评价因子的隶属度及其描述见表 2-3。

表2-3　兴县耕地地力评价概念性因子隶属度及其描述

地形部位	描述	河漫滩	一级阶地	二级阶地	高阶地	塬地	洪积扇（土、中、下）			倾斜平原	梁地	峁地	坡麓	沟谷
	隶属度	0.7	1.0	0.9	0.7	0.4	0.4	0.6	0.8	0.8	0.2	0.2	0.1	0.6

母质类型	描述	洪积物	河流冲积物	黄土状冲积物	残积物	保德红土	马兰黄土	离石黄土
	隶属度	0.7	0.9	1.0	0.2	0.3	0.5	0.6

土体构型	描述	通体壤	黏夹沙	底沙	壤夹黏	壤夹沙	沙夹黏	通体黏	夹砾	底砾	少砾	多砾	少姜	多姜	浅姜	通体沙	浅钙积	夹白干	底白干
	隶属度	1.0	0.6	0.7	0.9	0.6	0.3	0.6	0.4	0.7	0.8	0.2	0.4	0.8	0.4	0.3	0.4	0.4	0.7

耕层质地	描述	沙土	沙壤	轻壤	中壤	重壤	黏土
	隶属度	0.2	0.6	0.8	1.0	0.8	0.4

梯（园）田化水平	描述	地面平坦、园田化水平高	地面基本平坦、园田化水平较高	高水平梯田	缓坡梯田、熟化程度5年以上	新修梯田	坡耕地
	隶属度	1.0	0.8	0.6	0.4	0.2	0.1

盐渍化程度		无	轻	中	重
描述（全盐量）		苏打为主，<0.1%	0.1%~0.3%	0.3%~0.5%	≥0.5%
		氯化物为主，<0.2%	0.2%~0.4%	0.4%~0.6%	≥0.6%
		硫酸盐为主，<0.3%	0.3%~0.5%	0.5%~0.7%	≥0.7%
隶属度		1.0	0.7	0.4	0.1

灌溉保证率	描述	充分满足	基本满足	一般满足	无灌溉条件
	隶属度	1.0	0.7	0.4	0.1

（2）数值型评价因子：各评价因子的隶属函数（经验公式）见表2-4。

表2-4 兴县耕地地力评价数值型因子隶属函数

函数类型	评价因子	经验公式	C	U_t
戒下型	地面坡度（°）	$y=1/\left[1+6.492\times10^{-3}\times(u-c)^2\right]$	3.0	$\geqslant25$
戒上型	有效土层厚度（厘米）	$y=1/\left[1+1.118\times10^{-4}\times(u-c)^2\right]$	160.0	$\leqslant25$
戒上型	耕层厚度（厘米）	$y=1/\left[1+4.057\times10^{-3}\times(u-c)^2\right]$	33.8	$\leqslant10$
戒下型	土壤容重（克/厘米^3）	$y=1/\left[1+3.994\times(u-c)^2\right]$	1.08	$\geqslant1.42$
戒上型	有机质（克/千克）	$y=1/\left[1+2.912\times10^{-3}\times(u-c)^2\right]$	28.4	$\leqslant5.00$
戒下型	pH	$y=1/\left[1+0.5156\times(u-c)^2\right]$	7.00	$\geqslant9.50$
戒上型	有效磷（毫克/千克）	$y=1/\left[1+3.035\times10^{-3}\times(u-c)^2\right]$	28.8	$\leqslant5.00$
戒上型	速效钾（毫克/千克）	$y=1/\left[1+5.389\times10^{-5}\times(u-c)^2\right]$	228.76	$\leqslant50$

3. 耕地地力要素的组合权重 应用层次分析法所计算的各评价因子的组合权重见表2-5。

表2-5 兴县耕地地力评价因子层次分析结果

指标层	准则层					组合权重
	C_1	C_2	C_3	C_4	C_5	$\sum C_iA_i$
A_1	0.359 2	0.119 8	0.089 9	0.071 9	0.359 2	0.234 3
A_2	0.652 2					0.046 8
A_3	0.130 4					0.078 1
A_4	0.217 4	0.128 6				0.051 3
A_5		0.142 8				0.017 1
A_6		0.428 6				0.051 3
A_7			0.370 4			0.033 3
A_8			0.061 7			0.005 5
A_9			0.123 5			0.011 1
A_{10}			0.370 4			0.033 3
A_{11}			0.074 0			0.006 8
A_{12}				0.750 0		0.053 9
A_{13}						0.018 0
A_{14}				0.250 0		0.299 3
A_{15}					0.833 3	0.059 9

第六节 耕地资源管理信息系统建立

一、耕地资源管理信息系统的总体设计

1. 总体目标 耕地资源信息系统以一个县行政区域内耕地资源为管理对象，应用GIS技术对辖区内的地形地貌、土壤、土地利用、农田水利、土壤污染、农业生产基本情况、基本农田保护区等资料进行统一管理，构建耕地资源基础信息系统，并将此数据平台与各类管理模型结合，对辖区内的耕地资源进行系统的动态管理，为农业决策者、农民和农业技术人员提供耕地质量动态变化、土壤适宜性、施肥咨询、作物营养诊断等多方位的信息服务。

本系统行政单元为村，农田单元为基本农田保护块，土壤单元为土种，系统基本管理单元为土壤、基本农田保护块、土地利用现状叠加所形成的评价单元。

2. 系统结构 耕地资源管理信息系统结构见图2-3。

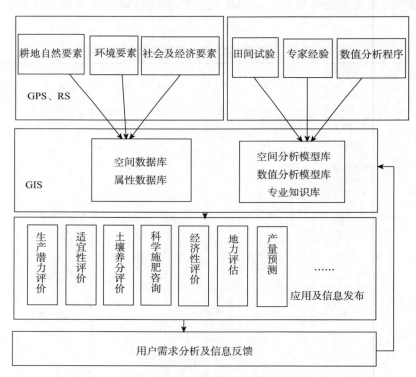

图 2-3 耕地资源管理信息系统结构

3. 县域耕地资源管理信息系统建立工作流程 县域耕地资源管理见图2-4。

4. CLRMIS、硬件配置

（1）硬件：P3/P4及其兼容机，≥2G的内存，≥250G内存，≥512M的显存，A4扫描仪，彩色喷墨打印机。

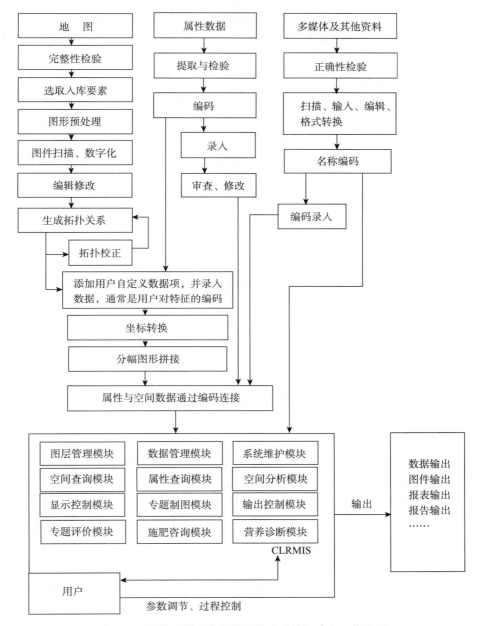

图 2-4 县域 "耕地资源管理信息系统" 建立工作流程

（2）软件：windows 98/2000/XP，Excel 97/2000/XP 等。

二、资料收集与整理

1. 图件资料收集与整理 图件资料指印刷的各类地图、专题图以及商品数字化矢量和栅格图。图件比例尺为1∶50 000和1∶10 000。

（1）地形图：统一采用中国人民解放军原总参谋部测绘局测绘的地形图。由于近年来公路、水系、地形地貌等变化较大，因此采用水利、公路、规划、国土等部门的有关最新图件资料对地形图进行修正。

（2）行政区划图：由于近年撤乡并镇等工作致使部分地区行政区划变化较大，因此按最新行政区划进行修正，同时注意名称、拼音、编码等的一致。

（3）土壤图及土壤养分图：采用第二次土壤普查成果图。

（4）基本农田保护区现状图：采用国土局最新划定的基本农田保护区图。

（5）地貌类型分区图：根据地貌类型将辖区内农田分区，采用第二次土壤普查分类系统绘制成图。

（6）土地利用现状图：采用现有的土地利用现状图。

（7）主要污染源点位图：调查本地可能对水体、大气、土壤形成污染的矿区、工厂等，并确定污染类型及污染强度，在地形图上准确标明位置及编号。

（8）土壤肥力监测点点位图：在地形图上标明准确位置及编号。

（9）土壤普查土壤采样点点位图：在地形图上标明准确位置及编号。

2. 数据资料收集与整理

（1）基本农田保护区一级、二级地块登记表，国土局基本农田划定资料。

（2）其他有关基本农田保护区划定统计资料，国土局基本农田划定资料。

（3）近几年粮食单产、总产、种植面积统计资料（以村为单位）。

（4）其他农村及农业生产基本情况资料。

（5）历年土壤肥力监测点田间记载及化验结果资料。

（6）历年肥情点资料。

（7）县、乡、村名编码表。

（8）近几年土壤、植株化验资料（土壤普查、肥力普查等）。

（9）近几年主要粮食作物、主要品种产量构成资料。

（10）各乡（镇）历年化肥销售、使用情况。

（11）土壤志、土种志。

（12）特色农产品分布、数量资料。

（13）主要污染源调查情况统计表（地点、污染类型、方式、强度等）

（14）当地农作物品种及特性资料，包括各个品种的全生育期、大田生产潜力、最佳播期、移栽期、播种量、栽插密度，百千克籽粒需氮量、需磷量、需钾量等，及品种特性介绍。

（15）一元、二元、三元肥料肥效试验资料，计算不同地区、不同土壤、不同作物品种的肥料效应函数。

（16）不同土壤、不同作物基础地力产量占常规产量比例资料。

3. 文本资料收集与整理

（1）兴县及各乡（镇）基本情况描述。

（2）各土种性状描述，包括其发生、发育、分布、生产性能、障碍因素等。

4. 多媒体资料收集与整理

（1）土壤典型剖面照片。

（2）土壤肥力监测点景观照片。

（3）当地典型景观照片。

（4）特色农产品介绍（文字、图片）。

（5）地方介绍资料（图片、录像、文字、音乐）。

三、属性数据库建立

（一）属性数据内容

CLRMIS 主要属性资源及其来源见表 2-6。

表 2-6 CLRMIS 主要属性资料及其来源

编号	名 称	来 源
1	湖泊、面状河流属性表	水利局
2	堤坝、渠道、线状河流属性数据	水利局
3	交通道路属性数据	交通局
4	行政界线属性数据	农业局
5	耕地及蔬菜地灌溉水、回水分析结果数据	农业局
6	土地利用现状属性数据	国土局、卫片解译
7	土壤、植株样品分析化验结果数据表	本次调查资料
8	土壤名称编码表	土壤普查资料
9	土种属性数据表	土壤普查资料
10	基本农田保护块属性数据表	国土局
11	基本农田保护区基本情况数据表	国土局
12	地貌、气候属性表	土壤普查资料
13	县、乡、村名编码表	农林局

（二）属性数据分类与编码

数据的分类编码是对数据资料进行有效管理的重要依据。编码的主要目的是节省计算机内存空间，便于用户理解使用。地理属性数据进入数据库之前进行编码是必要的，只有进行了正确的编码，空间数据库与属性数据库才能实现正确连接。编码格式有英文字母与数字组合。本系统主要采用数字表示的层次型分类编码体系，它能反映专题要素分类体系的基本特征。

（三）建立编码字典

数据字典是数据库应用设计的重要内容，是描述数据库中各类数据及其组合的数据集合，也称元数据。地理数据库的数据字典主要用于描述属性数据，它本身是一个特殊用途的文件，在数据库整个生命周期里都起着重要的作用。它避免重复数据项的出现，并提供了查询数据的唯一入口。

（四）数据库结构设计

属性数据库的建立与录入可独立于空间数据库和 GIS 系统，可以在 Access、dBase、FoxBase 和 FoxPro 下建立，最终统一以 dBase 的 dbf 格式保存入库。下面以 dBase 的 dbf 数据库为例进行描述。

1. 湖泊、面状河流属性数据库 lake. dbf

字段名	属性	数据类型	宽度	小数位	量纲
lacode	水系代码	N	4	0	代码
laname	水系名称	C	20		
lacontent	湖泊储水量	N	8	0	万米^3
laflux	河流流量	N	6		米^3/秒

2. 堤坝、渠道、线状河流属性数据 stream. dbf

字段名	属性	数据类型	宽度	小数位	量纲
ricode	水系代码	N	4	0	代码
riname	水系名称	C	20		
riflux	河流、渠道流量	N	6		米^3/秒

3. 交通道路属性数据库 traffic. dbf

字段名	属性	数据类型	宽度	小数位	量纲
rocode	道路编码	N	4	0	代码
roname	道路名称	C	20		
rograde	道路等级	C	1		
rotype	道路类型	C	1		（黑色/水泥/石子/土地）

4. 行政界线（省、市、县、乡、村）属性数据库 boundary. dbf

字段名	属性	数据类型	宽度	小数位	量纲
adcode	界线编码	N	1	0	代码
adname	界线名称	C	4		
adcode					
1	国界				
2	省界				
3	市界				
4	县界				
5	乡界				
6	村界				

5. 土地利用现状属性数据库 * **landuse. dbf**

字段名	属性	数据类型	宽度	小数位	量纲
lucode	利用方式编码	N	2	0	代码
luname	利用方式名称	C	10		

* 土地利用现状分类表。

6. 土种属性数据表 * **soil. dbf**

字段名	属性	数据类型	宽度	小数位	量纲
sgcode	土种代码	N	4	0	代码
stname	土类名称	C	10		
ssname	亚类名称	C	20		
skname	土属名称	C	20		
sgname	土种名称	C	20		
pamaterial	成土母质	C	50		
profile	剖面构型	C	50		

土种典型剖面有关属性数据：

字段名	属性	数据类型	宽度	小数位	量纲
text	剖面照片文件名	C	40		
picture	图片文件名	C	50		
html	HTML 文件名	C	50		
video	录像文件名	C	40		

* 土壤系统分类表。

7. 土壤养分（pH、有机质、氮等）**属性数据库 nutr****. dbf**

本部分由一系列的数据库组成，视实际情况不同有所差异，如在盐碱土地区还包括盐分含量及离子组成等。

（1）pH 库 nutrph. dbf：

字段名	属性	数据类型	宽度	小数位	量纲
code	分级编码	N	4	0	代码
number	pH	N	4	1	

（2）有机质库 nutrom. dbf：

字段名	属性	数据类型	宽度	小数位	量纲
code	分级编码	N	4	0	代码
number	有机质含量	N	5	2	百分含量

（3）全氮量库 nutrN. dbf：

字段名	属性	数据类型	宽度	小数位	量纲
code	分级编码	N	4	0	代码
number	全氮含量	N	5	3	百分含量

（4）速效养分库 nutrP. dbf：

字段名	属性	数据类型	宽度	小数位	量纲
code	分级编码	N	4	0	代码
number	速效养分含量	N	5	3	毫克/千克

8. 基本农田保护块属性数据库 farmland. dbf

字段名	属性	数据类型	宽度	小数位	量纲
plcode	保护块编码	N	7	0	代码
plarea	保护块面积	N	4	0	亩
cuarea	其中耕地面积	N	6		
eastto	东至	C	20		
westto	西至	C	20		
sorthto	南至	C	20		
northto	北至	C	20		
plperson	保护责任人	C	6		
plgrad	保护级别	N	1		

9. 地貌、气候属性表 * landform. dbf

* 地貌类型编码表。

字段名	属性	数据类型	宽度	小数位	量纲
landcode	地貌类型编码	N	2	0	代码
landname	地貌类型名称	C	10		
rain	降水量	C	6		

10. 基本农田保护区基本情况数据表（略）。

11. 县、乡、村名编码表

字段名	属性	数据类型	宽度	小数位	量纲
vicodec	单位编码—县内	N	5	0	代码
vicoden	单位编码—统一	N	11		
viname	单位名称	C	20		
vinamee	名称拼音	C	30		

（五）数据录入与审核

数据录入前仔细审核，数值型资料注意量纲、上下限，地名应注意汉字多音字、繁简体、简全称等问题，审核定稿后再录入。录入后仔细检查，保证数据录入无误后，将数据库转为规定的格式（dBase 的 dbf 文件格式文件），再根据数据字典中的文件名编码命名后保存在规定的子目录下。

文字资料以 TXT 格式命名保存，声音、音乐以 WAV 或 MID 文件保存，超文本以

HTML 格式保存，图片以 BMP 或 JPG 格式保存，视频以 AVI 或 MPG 格式保存，动画以 GIF 格式保存。这些文件分别保存在相应的子目录下，其相对路径和文件名录入相应的属性数据库中。

四、空间数据库建立

（一）数据采集的工艺流程

在耕地资源数据库建设中，数据采集的精度直接关系到现状数据库本身的精度和今后的应用，数据采集的工艺流程是关系到耕地资源管理信息系统数据库质量的重要基础工作。因此对数据的采集制定了一个详尽的工艺流程。首先，对收集的资料进行分类检查、整理与预处理；其次，按照图件资料介质的类型进行扫描，并对扫描图件进行扫描校正；再次，进行数据的分层矢量化采集、矢量化数据的检查；最后，对矢量化数据进行坐标投影转换与数据拼接工作以及数据、图形的综合检查和数据的分层与格式转换。

具体数据采集的工艺流程见图 2-5。

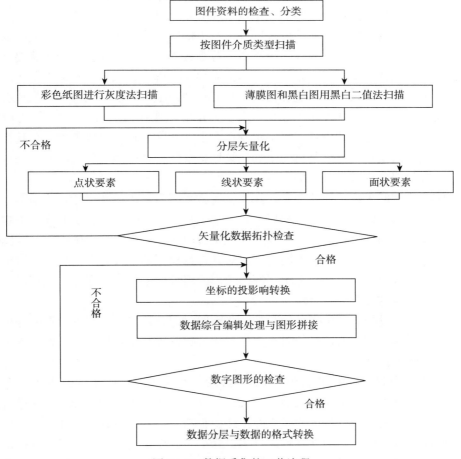

图 2-5　数据采集的工艺流程

（二）图件数字化

1. 图件的扫描　由于所收集的图件资料为纸介质的图件资料，所以采用灰度法进行扫描。扫描的精度为 300dpi。扫描完成后将文件保存为 *.TIF 格式。在扫描过程中，为了保证扫描图件的清晰度和精度，对图件先进行预扫描。在预扫描过程中，检查扫描图件的清晰度，其清晰度必须能够区分图内的各要素，然后利用 Lontex Fss8300 扫描仪自带的 CAD image/scan 扫描软件进行角度校正，角度校正后必须保证图幅下方两个内图廓点的连线与水平线的角度误差小于 0.2°。

2. 数据采集与分层矢量化　对图形的数字化采用交互式矢量化方法，确保图形矢量化的精度。在耕地资源管理信息系统数据库建设中需要采集的要素有：点状要素、线状要素和面状要素。由于所采集的数据种类较多，所以必须对所采集的数据按不同类型进行分层采集。

（1）点状要素的采集：点状要素可以分为两种类型，一种是零星地类，另一种是注记点。零星地类包括一些有点位的点状零星地类和无点位的零星地类。对于有点位的零星地类，在数据的分层矢量化采集时，将点标记置于点状要素的几何中心点；对于无点位的零星地类在分层矢量化采集时，将点标记置于原始图件的定位点。农化点位、污染源点位等注记点的采集按照原始图件资料中的注记点，在矢量化过程中一一标注相应的位置。

（2）线状要素的采集：在耕地资源图件资料上的线状要素主要有带有宽度的线状地物界、地类界、行政界线、权属界线、土种界、等高线等，对于不同类型的线状要素，进行分层采集。线状地物主要是指道路、水系、沟渠等，考虑到线状地物在数据采集时有些由于其宽度较宽，如一些较大的河流、沟渠，它们在地图上可以按照图件资料的宽度比例表示；有些线状地物，如一些道路和水系，由于其宽度不能在图上表示，在采集其数据时，则按栅格图上的线状地物的中轴线来确定其在图上的实际位置。对地类界、行政界、土种界和等高线数据的采集，保证其封闭性和连续性。线状要素按照其种类不同分层采集、分层保存，以备数据分析时进行利用。

（3）面状要素的采集：面状要素要在线状要素采集后，通过建立拓扑关系形成区后进行，由于面状要素是由行政界线、权属界线、地类界线和一些带有宽度的线状地物界等线状要素所形成的一系列闭合性区域，其主要包括行政区、权属区、土壤类型区等图斑。所以对于不同的面状要素，要采用不同的图层对其进行数据的采集。考虑到实际情况，将面状要素分为行政区层、地类层、土壤层等图斑层。将分层采集的数据分层保存。

（三）矢量化数据的拓扑检查

由于在矢量化过程中不可避免地存在一些问题，因此，在完成图形数据的分层矢量化以后，在进行下一步工作前，必须对分层矢量化的数据进行拓扑检查。拓扑检查主要是完成以下几方面的工作：

1. 消除在矢量化过程中存在的一些悬挂线段　在线状要素的采集过程中，为了保证线段完全闭合，某些线段可能出现相互交叉的情况，这些均属于悬挂线段。在进行悬挂线段的检查时，首先使用 MapGIS 的线文件拓扑检查功能，自动对其检查和清除，如果其不能自动清除的，则对照原始图件资料进行手工修正。对线状要素进行矢量化数据检查完成以后，随即由作图员对矢量化的数据与原始图件资料相对比进行检查，如果在检查过程中发现有一些通过拓扑检查不能解决的问题，矢量化数据的精度不符合要求的，或者是某些线状要素存在着一定的位移而难以校正的，则对其中的线状要素进行重新矢量化。

2. 检查图斑和行政区等面状要素的闭合性　图斑和行政区是反映一个地区耕地资源状况的重要属性。在对图件资料中的面状要素进行数据的分层矢量化采集中，由于图件资料中所涉及的图斑较多，有可能存在着一些图斑或行政界的不闭合情况，可以利用Map-GIS的区文件拓扑检查功能，对矢量化采集过程中所保存的一系列区文件进行拓扑检查。在拓扑检查过程中可以消除大多数区文件的不闭合情况。对于不能自动消除的，通过与原始图件资料的相互检查，进一步消除其不闭合情况。如果通过拓扑检查，可以消除在矢量化过程中所出现的上述问题，则进行下一步工作；如果在拓扑检查以后还存在一些问题，则对其进行重新矢量化，以确保系统建设的精度。

（四）坐标的投影转换与图件拼接

1. 坐标转换　在进行图件的分层矢量化采集过程中，所建立的图面坐标系（单位是毫米），而在实际应用中，则要求建立平面直角坐标系（单位是米）。因此，必须利用MapGIS所提供的坐标转换功能，将图面坐标转换成为正投影的大地直角坐标系。在坐标转换过程中，为了保证数据的精度，可根据提供数据源的图件精度的不同，在坐标转换过程中，采用不同的质量控制方法进行坐标转换工作。

2. 投影转换　县级土地利用现状数据库的数据投影方式采用高斯投影，也就是将进行坐标转换以后的图形资料，按照大地坐标系的经纬度坐标进行转换，以便今后进行图件拼接。在进行投影转换时，对1∶10 000土地利用图件资料，投影的分带宽度为3°。但是根据地形的复杂程度、行政区的跨度和图幅的具体情况，对于部分图形采用非标准的3°分带高斯投影。

3. 图件拼接　兴县提供的1∶10 000土地利用现状图是采用标准分幅图，在系统建设过程中应将图幅进行拼接。在图斑拼接检查过程中，相邻图幅间的同名要素误差应小于1毫米，这时移动其任何一个要素进行拼接，同名要素间距在1～3毫米的处理方法是将两个要素各自移动一半，在中间部分结合，这样图幅拼接完全满足了精度要求。

五、空间数据库与属性数据库的连接

MapGIS系统采用不同的数据模型分别对属性数据和空间数据进行存储管理，属性数据采用关系模型，空间数据采用网状模型。两种数据的连接非常重要。在一个图幅工作单元Coverage中，每个图形单元由一个标识码来唯一确定。同时一个Coverage中可以若干个关系数据库文件即要素属性表，用以完成对Coverage的地理要素的属性描述。图形单元标识码是要素属性表中的一个关键字段，空间数据与属性数据以此字段形成关联，完成对地图的模拟。这种关联是MapGIS的两种模型连成一体，可以方便地从空间数据检索属性数据或者从属性数据检索空间数据。

对属性数据与空间数据的连接采用的方法是：在图件矢量化过程中，标记多边形标识点，建立多边形编码表，并运用MapGIS将用FoxPro建立的属性数据库自动连接到图形单元中，这种方法可由多人同时进行工作，速度较快。

第三章 耕地土壤属性

通过对兴县耕地土壤类型、耕地养分含量分布、耕地养分动态变化及土壤属性的综合阐述，说明了兴县的耕地土壤状况，为农业生产中合理利用土地资源提供理论依据（文中部分数据和论述来源于第二次土壤普查资料）。

根据全国第二次土壤普查技术规程和山西省土壤分类系统分类标准，为了与1983年兴县土壤分类命名相衔接，以"新命名""原命名"进行了说明。见表3-1。

表 3-1 兴县土壤分类系统对照表

原命名（1983年分类系统）					新命名（1985年分类系统）			
土类	亚类	土属	土种号	土种	土类	亚类	土属	土种
山地棕壤	山地生草棕壤	黄土质山地生草棕壤	1	薄层黄土质山地生草棕壤	棕壤	棕壤	黄土质棕壤	中厚层沙质壤土黄土质棕壤
			2	中层黄土质山地生草棕壤				
	山地棕壤	黄土质山地棕壤	3	中层黄土质山地棕壤				
			4	厚层黄土质山地棕壤				
灰褐土	淋溶灰褐土	黄土质淋溶灰褐土	5	薄层黄土质淋溶灰褐土	褐土	淋溶褐土	黄土质淋溶褐土	中厚层沙质壤土黄土质淋溶褐土
			6	中层黄土质淋溶灰褐土				
			7	厚层黄土质淋溶灰褐土				
		花岗片麻岩质淋溶灰褐土	8	薄层花岗片麻岩质淋溶灰褐土			花岗片麻岩质淋溶褐土	薄层沙质壤土花岗片麻岩质淋溶褐土
			9	中层花岗片麻岩质淋溶灰褐土				中厚层沙质壤土麻岩质淋溶褐土
		石英砂岩质淋溶灰褐土	10	中层石英砂岩质淋溶灰褐土			石英砂岩质淋溶褐土	中厚层沙质壤土石英砂岩质淋溶褐土
	山地灰褐土	黄土质山地灰褐土	11	厚层黄土质山地灰褐土	栗褐土	淡栗褐土	黄土质淡栗褐土	中厚层沙质壤土黄土质淡栗褐土
			12	薄层黄土质山地灰褐土				
			13	中层黄土质山地灰褐土				
		耕种黄土质山地灰褐土	14	厚层轻壤耕种黄土质山地灰褐土				耕种中厚层沙质壤土黄土质淡栗褐土
		耕种红黄土质山地灰褐土	15	浅位厚层少砂姜轻壤耕种红黄土山地灰褐土			红黄土质淡栗褐土	耕种壤土红黄土质淡栗褐土

（续）

原命名（1983年分类系统）					新命名（1985年分类系统）			
土类	亚类	土属	土种号	土种	土类	亚类	土属	土种
灰褐土	山地灰褐土	耕种黑垆土质山地灰褐土	16	厚层轻壤耕种黑垆土质山地灰褐土	栗褐土	淡栗褐土	黑垆土质淡栗褐土	耕种沙质壤土黑垆土质淡栗褐土
		花岗片麻岩质山地灰褐土	17	薄层花岗片麻岩质山地灰褐土			花岗片麻岩质淡栗褐土	薄层沙质壤土花岗片麻岩质淡栗褐土
			18	中层花岗片麻岩质山地灰褐土				中厚层沙质壤土花岗片麻岩质淡栗褐土
		石灰岩质山地灰褐土	19	薄层石灰岩质山地灰褐土			石灰岩质淡栗褐土	薄层沙质壤土石灰岩质淡栗褐土
		砂页岩质山地灰褐土	20	中层砂页岩质山地灰褐土			砂页岩质淡栗褐土	中厚层沙质壤土砂页岩质淡栗褐土
		石英砂岩质山地灰褐土	21	薄层石英砂岩质山地灰褐土			石英砂岩质淡栗褐土	薄层沙质壤土石英砂岩质淡栗褐土
		耕种沟淤山地灰褐土	22	薄层沙壤质耕种沟淤山地灰褐土			沟淤淡栗褐土	耕种沙质壤土浅位沙砾石层沟淤淡栗褐土
			23	厚层轻壤质耕种沟淤山地灰褐土				耕种沙质黏壤土洪积淡栗褐土
			24	中层轻壤质耕种沟淤山地灰褐土				耕种沙质壤土浅位沙砾石层沟淤淡栗褐土
	灰褐土性土	耕种红黄土质灰褐土性土	36	轻壤耕种红黄土质灰褐土性土			红黄土质淡栗褐土	耕种壤土红黄土质淡栗褐土
			37	少砂姜轻壤耕种红黄土质灰褐土性土				耕种沙质黏壤土少砂姜红黄土质淡栗褐土
			38	浅位中层少砂姜轻壤耕种红黄土质灰褐土性土				耕种壤土红黄土质淡栗褐土
		红黄土质灰褐土性土	39	中壤红黄土质灰褐土性土				黏壤土红黄土质淡栗褐土
			40	少砂姜中壤红黄土质灰褐土性土				黏壤土少砂姜红黄土质淡栗褐土
		耕种坡积灰褐土性土	41	轻壤黄土质耕种坡积灰褐土性土			坡积淡栗褐土	耕种沙质黏壤土坡积淡栗褐土
			42	轻壤五花耕种坡积灰褐土性土				
		坡积灰褐土性土	43	轻壤黄土质坡积灰褐土性土				沙质黏壤土坡积淡栗褐土
			44	少砂姜中壤五花坡积灰褐土性土				

（续）

原命名（1983年分类系统）					新命名（1985年分类系统）			
土类	亚类	土属	土种号	土种	土类	亚类	土属	土种
灰褐土	灰褐土性土	耕种沟淤灰褐土性土	45	深位厚黏层沙土质耕种沟淤灰褐土性土	栗褐土	淡栗褐土	沟淤淡栗褐土	耕种沙质壤土沟淤淡栗褐土
			46	沙壤质耕种沟淤灰褐土性土				耕种沙质壤土沟淤淡栗褐土
			47	中层沙壤质耕种沟淤灰褐土性土				耕种沙质壤土浅位沙砾石层沟淤淡栗褐土
			48	中砾石沙壤质耕种沟淤灰褐土性土				耕种沙质壤土沟淤淡栗褐土
			49	深位薄沙砾石层沙壤质耕种沟淤灰褐土性土				耕种沙质壤土沟淤淡栗褐土
			50	轻壤质耕种沟淤灰褐土性土				耕种沙质黏壤土洪积淡栗褐土
			51	中层轻壤质耕种沟淤灰褐土性土				耕种沙质黏壤土深位沙砾石层沟淤淡栗褐土
			52	薄层轻壤质耕种沟淤灰褐土性土				耕种沙质壤土浅位沙砾石层沟淤淡栗褐土
			53	少砾石轻壤质耕种沟淤灰褐土性土				耕种沙质黏壤土洪积淡栗褐土
			54	浅位厚层多砂石轻壤质耕种沟淤灰褐土性土				
			55	浅位厚黏层轻壤质耕种沟淤灰褐土性土				
		耕种黑垆土质灰褐土性土	58	轻壤耕种黑垆土质灰褐土性土			黑垆土质淡栗褐土	耕种沙质壤土黑垆土质淡栗褐土
	灰褐土	耕种黄土状灰褐土	63	轻壤质耕种黄土状灰褐土			黄土质淡栗褐土	耕种沙质壤土黄土状淡栗褐土
			64	中层轻壤质耕种黄土状灰褐土				
			65	厚层轻壤质耕种黄土状灰褐土				
	粗骨性灰褐土	砂页岩质粗骨性灰褐土	25	砂页岩质粗骨性灰褐土	粗骨土	粗骨土	砂页岩质粗骨土	薄层沙质壤土砂页岩质粗骨土
		石灰岩质粗骨性灰褐土	26	石灰岩质粗骨性灰褐土			石灰岩质粗骨土	薄层沙质壤土石灰岩质粗骨土

（续）

原命名（1983年分类系统）					新命名（1985年分类系统）			
土类	亚类	土属	土种号	土种	土类	亚类	土属	土种
灰褐土	粗骨性灰褐土	砂页岩质灰褐土性土	27	中层砂页岩质灰褐土性土	粗骨土	粗骨土	砂页岩质粗骨土	薄层沙质壤土砂页岩粗骨土
			57	薄层砂页岩质灰褐土性土			花岗片麻岩质粗骨土	薄层沙质壤土花岗片麻岩质粗骨土
		花岗片麻岩质粗骨性灰褐土	56	花岗片麻岩质粗骨性灰褐土				
	灰褐土性土	耕种黄土质灰褐土性土	28	轻壤耕种黄土质灰褐土性土	黄绵土	黄绵土	黄土质黄绵土	耕种沙质壤土黄土质黄绵土
			29	人造平原轻壤耕种黄土质灰褐土性土				
			30	少砂姜轻壤耕种黄土质灰褐土性土				
			31	浅位中黑垆土层轻壤耕种黄土质灰褐土性土				
			32	深位厚黑垆土层轻壤耕种黄土质灰褐土性土				
		黄土质灰褐土性土	33	沙壤黄土质灰褐土性土				壤土黄土质黄绵土
			34	薄层沙壤黄土质灰褐土性土				
			35	中层沙壤黄土质灰褐土性土				
		红土质灰褐土性土	59	少砂姜重壤耕种红土质灰褐土性土	红黏土	红黏土	红土质红黏土	耕种壤质黏土少砂姜红土质红黏土
			60	少砂姜重壤红土质灰褐土性土				壤质黏土少砂姜红土质红黏土
			61	多砂姜重壤红土质灰褐土性土				
			62	重壤红土质灰褐土性土				
	灰褐土	冲积灰褐土	66	沙壤质冲积灰褐土	新积土	新积土	冲积石灰性新积土	耕种壤质沙土冲积石灰性新积土
		耕种冲积灰褐土	67	沙壤质耕种冲积灰褐土				
			68	沙土质耕种冲积灰褐土				
草甸土	灰褐土化草甸土	耕种灰褐草甸土	69	轻壤质耕种灰褐草甸土	潮土	脱潮土	冲洪积脱潮土	耕种沙质壤土冲洪积脱潮土
			70	中层轻壤质耕种灰褐草甸土				耕种沙质壤土深位沙砾石层冲洪积脱潮土
			71	堆垫中层轻壤质耕种灰褐草甸土				耕种沙质壤土浅位沙砾石层冲洪积脱潮土
			72	厚层轻壤质耕种灰褐草甸土				耕种沙质壤土深位沙砾石层冲洪积脱潮土

（续）

原命名（1983 年分类系统）					新命名（1985 年分类系统）			
土类	亚类	土属	土种号	土种	土类	亚类	土属	土种
草甸土	灰褐土化草甸土	耕种灰褐草甸土	73	深位中沙层轻壤质耕种灰褐草甸土	潮土	脱潮土	冲洪积脱潮土	耕种沙质壤土冲洪积脱潮土
			74	中层沙壤质耕种灰褐草甸土				耕种沙质壤土深位沙砾石层冲洪积脱潮土
			75	厚层沙壤耕种灰褐草甸土				耕种沙质壤土冲洪积脱潮土
			81	沙壤质耕种浅色草甸土				耕种沙质壤土深位沙砾石层冲洪积脱潮土
		堆垫耕种灰褐草甸土	76	中层轻壤质堆垫耕种灰褐草甸土				耕种沙质壤土深位沙砾石层冲洪积脱潮土
	浅色草甸土	耕种浅色草甸土	77	轻壤质耕种浅色草甸土		潮土	冲洪积潮土	耕种壤土冲洪积潮土
			78	卵石体轻壤质耕种浅色草甸土				耕种沙质黏壤土浅位沙砾石层冲洪积潮土
			79	卵石体堆垫轻壤质耕种浅色草甸土				
			80	卵石底轻壤质耕种浅色草甸土				耕种沙质黏壤土深位沙砾石层冲洪积潮土
			82	砂卵石底沙壤质耕种浅色草甸土				耕种沙质壤土冲洪积潮土
		堆垫耕种浅色草甸土	83	卵石底沙壤质堆垫耕种浅色草甸土				

第一节　土壤的形成与演变

一、土壤的概念

土壤是指覆盖于地球陆地表面，具有肥力特征的、是由岩石风化而成的矿物质；它能生长植物，是因为它有肥力，也就是说，岩石经过风化作用变成母质，母质经过生物作用，才形成土壤。只有风化作用和生物作用在同时同地的作用下，才能变成有肥力的土壤，使其形成和发展。

二、土壤的形成

土壤是具有肥力的特殊自然资源，它的形成与演变是在自然条件和人为因素的综合作用下，土体内部的物质与能量迁移转化的结果。

土壤形成的因素是多方面的，不但包括自然因素，即母质、生物、气候、地形、水文、地质等，而且还包括时间因素和人为的生产活动，如耕作、灌溉、施肥、土壤改良、平整土地等。现将兴县土壤的形成因素和关系分述如下：

兴县由于地质复杂，形成土壤母质的种类也较多，可分为 8 类。即花岗片麻岩、石英砂岩、砂页岩、石灰岩、保德红土、离石黄土、马兰黄土、黑垆土，前四类为岩石，后四类为沉积物。

1. 残积物和坡积物　残积物和坡积物主要分布于海拔 1 300 米以上的土石山区，由花岗片麻岩、石英砂岩、石灰岩风化而成。

（1）残积物：残积物主要分布在比较平缓的 1 400 米以上的高地上，残留原地未经搬运，因此土层薄、质地粗，通体含有基岩的半风化碎片。表层较细，越往下层质地越粗，过渡到岩石层。由于地势较高，矿质元素及水分都易淋失，在这种母质上发育的土壤养分和水分含量较少，肥力不高。如砂页岩质灰褐土性土，多为残积物发育而成。

（2）坡积物：坡积物主要分布在山坳或山坡下部，是山坡上部的岩石风化物，在重力及雨水的联合作用下搬运到山坳或山坡下面堆积而成。这类土壤的特点是层次厚、粗细粒同时混存、无分选性、通气透水性较好。因它受上面流来的养分、水分及较细的土粒影响，因而在这种母质上形成的土壤肥力较高，如山地棕壤、坡积物山地灰褐土，就是由这种母质发育而成。

（3）红土母质：即保德红土，在兴县沿黄河 5 公里以东，魏家滩、城关、康宁、孟家坪、贺家会一带以西均有出露，而且都在黄土及黄土状母质下部，当覆盖的黄土或黄土状母质被侵蚀掉以后，红土就出露地表，或断崖上也有出露。其特点是层次深厚（10～200 米），颜色红色，质地均匀，无层次区分，有多种红色条带，并有多层姜石。田家沟等地夹有三齿马龙骨。不易透水能保水，盐基含量低，无酸性反应，形成的土壤缺少养分和水分。

2. 黄土及黄土状物质　黄土母质是兴县大棕土壤——灰褐土的主要成土因素，也是部分棕壤的成土因素。是第四纪近 1 万年以内的沉积物。可分下列几种类型：

（1）风积黄土：风力吹蚀搬运堆积而成，覆盖地表，为淡黄色亚沙土，大孔隙、直立体、富含碳酸盐，并有零星钙质结核，通透性和透水性较强，具有褐土的发育条件，是褐土的主要分布区。

（2）洪积黄土：出露于部分塔地和旱坪地，是红土和黄土坡积所形成，颜色灰黄，还是红土与黄土经水侵蚀后淤积而成。其特点是土壤发育微弱，土粒分选不明，多为轻壤土质。

（3）冲积次生黄土：河水冲积而成。分布于胡家沟、石门庄等坪地或沟坪地，表层颗粒较细，质地黏重，结构紧实，大多为中壤至黏土，土体结构复杂，自然肥力较高，养分均衡，土体肥沃。

（4）马兰黄土：分布于中部地区的山坡谷地，是主要的黄土类型。其特点是层次深厚，浅灰棕色，质地细而均一，柱状结构，富含碳酸钙，中性或微碱性。是新生界第四纪上更新统，距今 7 万～20 万年形成，是比较年轻的沉积物。

（5）离石黄土：主要分布于白家沟、瓦塘、康宁、小善、孟家坪等地，在断崖上有出露。其特点是颜色红黄，质地均匀，无层次，有多种红色条带，夹有多层姜石，因此也称红黄土母质。

（6）黄土母质上发育的土壤：粉沙达70%左右，质地均匀，疏松多孔，通透性好，因而易于耕作。

（7）黄土状物质：分布于川谷两侧地势较平的地方，是典型灰褐土亚类的成土因素。其特点与黄土母质相似。

3. 冲积物和洪积物

（1）冲积物：冲积物是河水在流动过程中往往夹带泥沙，到达平缓之地后沉积而成。分布于川谷、河谷及山间谷地上，是形成沟川土壤的主要母质，其特点有明显的层次性。由于搬运和沉积颗粒大小不一，造成同一个地方上下层质地发生变化，形成明显的成层性。由于水的流速不同，所以上游粗，下游细，近河粗，远河细。由于矿物质种类多，营养元素较为丰富，特别是冲积物上形成的草甸土，是很肥沃的土壤。

（2）洪积物：大致分布在大沟及山间谷地。特点是泥沙混合堆积，土体没有明显的发育层次，质地偏沙，并含有一定数量的砾石。洪积物上形成的沟淤土壤也是重要的农业土壤。大沟出口处的洪积扇边缘，是选择打井的好地方。

4. 黑垆土　在黄土山丘的边缘地带，分布着黑垆土母质上发育而成的耕种黑垆土型山地灰褐土和灰褐土性土。出露在城关、魏家滩、康宁等地。黑垆土是一种古土壤，形成时代不明。特点是土层不厚，只有80～100厘米，呈条带状分布，养分含量较为丰富。

三、土壤的演变

土壤是由其所含有的矿物颗粒和由添加到它里面去的植物和动物残体的分解产物衍生而来。土壤的这种衍生过程往往是在以生物为主导的各种成土因素的综合作用下进行的，这就决定了土壤的复杂多样性。因此，在不同的母质、地形、植被和水文地质条件下发育成兴县不同土壤类型。

（一）山地棕壤的演变

兴县东部山区，母质多为片麻岩、角闪片岩、石英岩等呈酸性或中性岩浆岩，森林密布，生长着茂密的针叶林、阔叶林，或相应的草灌植被。该地区无霜期100天左右，夏季温湿多雨，秋冬寒冷湿润，土壤淋溶充分，剖面通体无石灰性反应，土体中嫌气性微生物活动强烈，有机质大量积累，地表形成较厚的腐殖质层。这是形成山地棕壤的主要原因。

山地棕壤的面积不很大，主要分布在白龙山、黑茶山。两侧的针阔叶混交林内，由于地形地貌和植被的变化，棕壤发生不同的演变。在海拔较高处，森林破坏后，植被被草灌植物代替，演变成山地生草棕壤；在坡度较陡处，覆盖不良或森林破坏的地方，演变为山地棕壤。

（二）灰褐土的演变

兴县地处暖温带季风气候区，四季分明，春季干旱多风，夏季温暖干燥，秋高气爽，冬季寒冷少雪，是典型的半干旱大陆性气候。全县大部分地区，出露岩石以砂岩、页岩、石灰岩为主的沉积岩，由于被含碳酸钙的黄土母质覆盖，土壤呈碱性反应。土壤母质疏松多孔，地表常呈干旱状态，因而植被呈旱生型。由于上述自然条件影响，土壤在形成过程中，物理风化强烈，淋溶作用微弱，土中的好气性微生物活动旺盛，有机质分解较为充分，很少积累。由于季节性的淋溶，土体中显微弱的黏化作用，并有菌丝状的碳酸钙淀积物，这就是地带性土壤——灰褐土在兴县大面积形成与分布的基本原因。

灰褐土的典型土壤，由于地形地貌、自然植被和人为因素的影响，分布面积很小。留在丘陵与山地交接处的灰褐土，由于坡度平缓，植被覆盖较好，土壤侵蚀轻微，典型性较好；分布于沿川开阔地二级阶地上的灰褐土，由于人为耕作的影响，典型性受到一定影响。

兴县大部分灰褐上，由于附加了各种成土过程以及不同的发育阶段，演变为不同类型的灰褐土。在棕壤以下、淋溶线以上，由于植被覆盖较好，降水过程较多，淋溶作用较强，演变为淋溶灰褐土；在淋溶线以下的山地，植被较好，水土流失轻微，演变为山地灰褐土；丘陵与沟谷地带，植被稀少，水土流失严重，发育的土壤质地均匀，层次不明，经常处于幼年阶段，称为灰褐土性土。

（三）草甸土的演变

在河川两岸的一级阶地或洼地上，成土母质主要是近代河流冲积物，该土壤受地下水的影响，土壤氧化还原交替进行，于是形成草甸土。

草甸土由于地下水位深浅不同，分为灰褐土化草甸土和浅色草甸土两种类型。灰褐土化草甸土由于水文地质条件改变，地下水位下降，通常在 3～5 米，剖面上部开始有灰褐土的发育，是草甸土化土壤向灰褐土化土壤过渡的类型；浅色草甸土，地下水位在 2.5 米左右，地下水流动通畅，而形成潴育层，是较好的耕种土壤。

第二节 土壤分类及主要形态特征

一、土壤分类

（一）土壤分类的原则和依据

根据全国第二次土壤普查的规定要求，土壤分类采用五级分类制，即土类、亚类、土属、土种和变种，本次对变种没有划分只进行了四级分类。土类和亚类属高级分类单元，主要反映土壤形成过程的主导方面和发育阶段；土属为承上启下的分类单位；土种属基本分类单元，主要反映土壤形成过程中的属性和发育程度。各级分类单元的划分原则及依据简述如下：

1. 土类 土类是土壤分类的高级单元，它是在一定的生物气候条件下，或某种特殊的自然因素和人为因素的直接影响下，具有独特的成土过程，并产生与之相应的可资鉴别的发生层段和土壤属性的一群土壤，土类之间的基本属性有质的差别，在划分土类时着重考虑下述 4 点：①土壤发生类型和生物气候相一致；②同类土壤的主导形成过程基本相同；③同一土类的诊断层和剖面特征基本相似；④同类土壤有类似的肥力特征和一致的改良利用方向。

2. 亚类 亚类是土壤范围的续分单元，主要反映同一土类中发育分段和附加成土过程。

3. 土属 土属是在发生学上有相互联系，具有承上启下的分类单元，既是亚类的续分，又是土种的归类。划分土属的主要依据有母质类型、水文地质等。

4. 土种 土种是基本分类单元。它是在相同母质的基础上，具有类似的发育程度和土体构型的土壤。土种非一般耕作措施在短期内所能改变的，具有一定的稳定性。

（二）土壤分类的命名

土类、亚类命名采用土壤发生学名称。

土属命名是在亚类名称前面冠以划分土属依据的母质类型命名。

土种命名是在土属名称的基础上，以土壤利用情况、土壤质地、土体构型、特殊层次出现部位及特殊层次类型命名。

二、土壤形态特征

（一）土壤分布特点

兴县土壤分布有一定的规律性，棕壤分布在森林地带，潮土分布在河沟河谷地带，褐土、栗褐土分布在棕壤和潮土之间。从前北会到白龙山的土壤分布断面中表现十分明显。其主要分布特点如下：

1. 垂直分布 兴县的山地土壤类型虽多，但都具有明显的垂直分布规律。土壤垂直带因地形高度和生物气候的变化而形成，土壤垂直带的结构，随着山体所在气候带、山体高度与山体形态不同而有规律的变化。从吕梁山西坡的山地垂直带谱中，明显地看出了淡栗褐土-淋溶褐土-棕壤。各类土壤随着地形、植被、气候的变化而有规律的变化。

但是垂直分布的土壤界限不是一成不变的，它随着阴阳坡、植被的变化而升降，如棕壤在黑茶山阴坡海拔 1 950 米、阳坡 2 000 米，南北坡提高了 50 米。

2. 树枝状分布 低山丘陵区，由于沟谷发育，水系多，呈树枝形土壤组合。兴县郝家山附近支沟发育，致使埋藏在黄土下的红黄土质或红土质出露，形成枝状组合的土壤。

3. 带状分布 在三川河两侧，由于地下水影响使一些土壤呈条带状分布，潮土、脱潮土也呈带状分布。典型的有魏家滩等地。

（二）土壤分类系统

根据 1983 年山西省土壤普查分类系统，兴县土壤原分类共划分为 3 个土类，9 个亚类，34 个土属，83 个土种。根据 1985 年分类系统，兴县土壤新分类共划分为（棕壤、褐土、栗褐土、粗骨土、黄绵土、红黏土、新积土、潮土）8 个土类，9 个亚类，26 个土属，39 个土种。

1. 棕壤（原命名：山地棕壤，亚类山地生草棕壤、山地棕壤，原土种号1、2、3、4号，新土种号 10 号） 兴县的棕壤是由上部黄土和下部片麻岩、石英岩等呈酸性或中性岩分化，在两者共同作用下发育而成。该土类面积 43 125 亩，占总土地面积的 0.93％。

该区棕壤形成的共同特点是植被茂密，光照不足，高寒多雨，空气湿润。枯枝落叶和草本植被残体分解缓慢，大量积累，长期停留在生物循环之中，因而形成了疏松较厚的腐殖质层，并蓄积容纳了大量的降水，使土壤长年保持相当的水分，钙、镁、钠等离子遭受淋洗，淀积剖面中、下部，土壤呈微酸性至中性反应。

（1）山地生草棕壤：主要分布于海拔 2 000 米以上的白龙山、黑茶山山顶。面积 6 910 亩，占棕壤面积的 16%。根据母质类型，山地生草棕壤划分为黄土质山地生草棕壤 1 个土属，薄层黄土质山地生草棕壤、中层黄土质山地生草棕壤 2 个土种。

第一，诊断特征。山地生草棕壤是早年森林破坏之后，迅速被草灌植物所取代，在生草过程居优势的条件下发育的土壤。主要植被有紫丁香、野菊花、羽茅等，生长茂密，覆盖森严，使土壤经常处于低温潮湿状态，故嫌气性微生物活动占绝对优势，为有机质的积累创造了极为有利的条件。加之植物残体年复一年地大量积累，便形成了较深厚的腐殖质层。因而生草棕壤所表现的特征是：表层为灰黑色，草坡层盘结紧密，腐殖质层较为深厚，上体底部有微弱的黏粒淀积现象，通体无石灰反应。

第二，理化性状。现将棕壤（原土种：薄层黄土质山地生草棕壤）典型剖面描述如下：

剖面选自东会乡大木沟村，位于黑石节 2 181 米、高程点北偏东 88°、距离 100 米处。海拔 2 180 米，地形为山坡，表层有薄层黄土覆盖。

0～3 厘米，枯枝落叶草皮层。

3～18 厘米，浅棕黑色的腐殖质层，轻壤质地，团粒结构，疏松多孔，植物根系多而盘结紧密，土体潮湿。

18 厘米以下，为岩石。

该亚类土典型剖面化学性状分析结果见表 3-2。

表 3-2　典型剖面化学性状分析结果

深度（厘米）	有机质（克/千克）	全氮（克/千克）	全磷（克/千克）		pH
			P	P$_2$O$_5$	
3～18	69.5	3.84	0.96	2.20	7.6

兴县山地生草棕壤具有以下形态特征：土层厚度多<80 厘米，质地轻壤；表层为枯枝落叶草皮层，以下颜色深暗，有机质含量自上而下逐渐减少；腐殖质层为较稳定的团粒结构，心底土层多为屑粒、碎块状结构；pH 为 6.5～7.5，黏粒淀积现象不甚明显。

（2）山地棕壤：山地棕壤为典型亚类。分布于白龙山、黑茶山等海拔 1 900 米以上的土石山地上，有的出现部位更高，是在针阔叶混交林植被下发育而成的一种森林土壤。面积 36 215 亩，占棕壤土类面积的 84%。

山地棕壤根据母质类型、土层厚度，划分黄土质山地棕壤 1 个土属，中层黄土质山地棕壤、厚层黄土质山地棕壤 2 个土种。一般来说，土层厚度呈现阴坡比阳坡深厚的规律。

厚层黄土质山地棕壤的典型剖面选自固贤乡郑家岔村，位于黑茶山山腰 2 091 米、高程点正西方向、距离 600 米处，海拔 2 000 米，表层含水量 26.5%，容重 0.87 克/厘米^3。该土壤典型剖面特征如下：

0～2 厘米，枯枝落叶层。

3～4 厘米，半分解的枯枝落叶层。

4~33厘米，灰棕黑色的腐殖质层，轻壤，屑粒、团粒结构，土体疏松，多孔潮湿，植物根系多。

33~66厘米，灰褐色，中壤，碎片状结构，土体紧实，中孔中根，有淋溶迹象。

66~95厘米，灰棕褐色，轻壤，碎块状结构，土体紧实，潮湿，中孔中根，有不甚明显的铁锰胶膜。

98~112厘米，灰棕褐色，沙壤，土体紧实，少孔少根，碎块状结构。

该亚类土典型剖面理化性状分析结果见表3-3。

表3-3　典型剖面理化性状分析结果

深度 （厘米）	有机质 （克/千克）	全氮 （克/千克）	全磷（克/千克）		pH	代换量 （摩尔/百克土）	机械组成（%）	
			P	P_2O_5			>0.01毫米	<0.01毫米
4~33	50.1	2.37	0.72	1.65	7.2	20.72	75.2	24.8
33~66	21.8	0.88	0.46	1.05	7.5	14.66	61.6	38.4
66~98	6.8	0.39	0.31	0.71	7.4	8.85	74.4	25.6
98~112	4.8	0.39	0.47	1.08	7.3	9.07	81.8	18.2

兴县山地棕壤具有以下形态特征：表层0~2厘米的枯枝落叶是以棕色为主的灰棕色层，以下为棕褐色、半分解的枯枝落叶层和灰棕黑色的腐殖质层；腐殖质层为团粒结构，厚度多在30厘米左右，有机质含量为5%~12%，心底土层为碎块状结构；土体颜色以褐棕色为主，淋溶淀积现象不甚明显；土层较深厚，均在30厘米左右；土体通常湿润，全剖面无盐酸反应，pH在7~7.5。

2. 褐土类（原命名：灰褐土类，原土种号5、6、7、8、9、10号，新土种号23、16、17、19号）　灰褐土类是发育在富含石灰的黄土母质上的地带性土壤，面积454.1万亩，占总土地面积的97.52%。兴县由于地处黄土丘陵沟壑区，灰褐土的母质多为第四纪黄土沉积物，占灰褐土母质类型的89.32%。

灰褐土各母质类型面积统计见表3-4。

表3-4　灰褐土各母质类型面积统计

母质类型		面积（亩）	占比（%）
残积	花岗片麻岩	133 567	3.08
	石英砂岩	14 175	0.33
	砂页岩	219 674	5.08
	石灰岩	15 619	0.36
黄土	马兰黄土	3 681 520	85.06
	离石黄土	121 185	2.80
	黄土状	22 257	0.51
冲积		9 064	0.21
洪积沟淤		74 690	1.73
黑垆土		8 088	0.18
坡积		28 504	0.66
合计		4 328 343	100.00

黄土为第四系陆相的特殊沉积物，具有土层深厚，质地均匀，疏松多孔，富含碳酸钙，垂直节理，抗蚀力低等特点。因而自然植被稀疏，水土流失严重为其主要特征。

黄土的机械组成，以粉沙粒为主，0.001～0.05毫米的粉沙粒占总量的60%左右，>0.05毫米的沙粒占30%左右，<0.001毫米的黏粒占20%左右，故质地较轻，多属轻壤偏沙，其总孔隙度在50%左右，表层容重在1.2克/厘米^{3}左右，作为农、林、牧各业用地均较为理想。

灰褐土类在其生物气候条件和母质的影响下，具有以下特征：

第一，腐殖质化作用程度较低。由于气候干燥，植被稀疏，土壤疏松，通气良好，土体中好气性微生物活动旺盛。因而矿质化过程超过了腐殖化过程，物质循环十分活跃。土体中腐殖质积累很少，除淋溶灰褐土和山地灰褐土的表层有较明显的腐殖质层外，其他类型的灰褐土，在土体构型上均无明显的枯枝落叶层。

各类灰褐土有机质含量统计情况见表3-5。

表3-5　各类灰褐土有机质含量统计情况

土壤类型		枯枝落叶层（A，%）	腐殖质层（B，%）	过渡层（C，%）
自然土壤	淋溶灰褐土	7.7	3.41	2.98
	山地灰褐土	4.73	1.87	1.56
	灰褐土性土	1.45	0.52	0.29
耕种土壤	山地灰褐土	0.83	0.80	0.91
	灰褐土性土	0.43	0.39	0.23
	灰　褐　土	0.77	0.36	0.30

第二，黏化作用不甚明显。灰褐土类是在暖温带季风区、半干旱气候和森林草原灌丛植被条件下发育而成的，其主要特点是：气候温和降雨偏少，植被稀疏，坡度较陡，使降雨大多汇成径流，加剧了山洪的冲刷能力，导致了水土流失的日益频繁。因而土体中淋溶作用微弱，黏粒淀积不甚明显。

第三，钙积化作用极其微弱。灰褐土类处在半干旱森林草原向干旱草原过渡地带，故钙积化作用极其微弱，没有明显的发育层次，只是在心底土层有假菌丝状或点状的碳酸钙淀积物出现，碳酸钙含量通常在8%左右。

灰褐土的颜色、质地、结构均无多大差异。没有特殊明显的诊断层次，土体上下均匀一致，表现了灰褐土土体发育微弱的基本特征。

灰褐土根据其生物气候、利用方式和不同的发育，原划分为淋溶灰褐土、山地灰褐土、灰褐土性土、灰褐土、粗骨性灰褐土5个亚类，新划分为淋溶褐土、淡栗褐土、粗骨土、黄绵土、红黏土、新积土6个亚类。

淋溶灰褐土：大致分布在海拔1 650～2 000米的土石山地上，是山地灰褐土亚类向山地棕壤的过渡类型，阴坡多在1 650米，阳坡多在1 750米左右。

淋溶灰褐土所处地势较高，因而气温较低，降水较多，植被覆盖较好，年平均气温4～5℃，年平均降水量550～600毫米，无霜期在130天左右，生长植物主要有油松、杨、桦、山桃、山杏、醋柳、黄刺玫等。

由于土壤中好气性微生物活动比较旺盛，使有机质的积累受到一定的影响。土体中虽有一定的淋溶作用，但盐基得不到充分的淋洗，在土体中，下部有不同程度的盐酸反应。

淋溶灰褐土亚类面积159 526亩，占灰褐土土类面积的3.29%。根据其母质类型的不同，兴县将（原为黄土质淋溶灰褐土、花岗片麻岩质淋溶灰褐土、石英砂岩质淋溶灰褐土3个土属）归为黄土质淋溶褐土、花岗片麻岩质淋溶褐土、石英砂岩质淋溶褐土3个土属。

①黄土质淋溶灰褐土。该土属发育于黄土母质上，主要分布于固贤、东会、交楼申等地，面积97 598亩，占淋溶灰褐土面积的61.18%。根据土质厚度划分为薄层黄土质淋溶灰褐土、中层黄土质淋溶灰褐土、厚层黄土质淋溶灰褐土3个土种。

现将厚层黄土质淋溶灰褐土的理化性状叙述如下：

0～2厘米，疏松软绵的枯枝落叶层。

2～9厘米，灰黑腐肥的腐殖质层。

9～18厘米，灰褐色的淋溶过渡层，轻壤，屑粒状结构，中孔多根，无盐酸反应。

18～70厘米，灰褐色的淋溶次过渡层，轻壤，块状结构，土体紧实，少孔。

70～100厘米，灰棕褐色的淀积层，中壤，有微弱盐酸反应。

100厘米以下，母岩层。

黄土质淋溶灰褐土的显著特征是淋溶现象比较明显，腐殖质层为养分、黏粒、碳酸钙的淋溶淀积层，其含量均高于相邻的淋溶过渡层。

厚层黄土质淋溶灰褐土典型剖面理化性状分析结果见表3-6。

表3-6　典型剖面理化性状分析结果

深度（厘米）	有机质（克/千克）	全氮（克/千克）	全磷（克/千克）		pH	CaCO₃	代换量（摩尔/百克土）	机械组成（%）	
			P	P₂O₅				>0.01毫米	<0.01毫米
2～9	13.08	0.524	0.082	0.188	6.5	0	21.0		
9～18	3.61	0.194	0.062	0.142	6.6	0	20.21	77.6	22.4
18～31	3.21	0.163	0.066	0.151	7.6	0	16.2	78.0	22.0
31～70	1.37	0.056	0.054	0.124	7.5	0.96	11.65	7.67	23.3
70～100	2.27	0.096	0.067	0.153	7.7	0	19.73	69.2	30.8

②花岗片麻岩质淋溶灰褐土。该土属发育于残积坡积母质上，主要分布于东会、固贤、交楼申，面积60 651亩，占淋溶灰褐土面积的38.02%。根据土层厚度划分为薄层花岗片麻岩质淋溶灰褐土、中层花岗片麻岩质淋溶灰褐土2个土种。

中层花岗片麻岩质淋溶灰褐土的典型剖面采自东会乡石林沟村二青山顶、海拔1 985米处，自然植被有柞树和荆条等，地形为山地阴坡。典型剖面形态特征如下：

0～5厘米，枯枝落叶层。

6～8厘米，灰褐色的腐殖质层，沙壤，团粒结构，疏松，多孔多根，土体润，砾石含量10%。

9～14厘米，浅灰棕褐色，屑粒状结构，沙壤，疏松，土体润，多孔多根，砾石含量20%。

15～32厘米，浅灰棕褐色，碎块状结构，沙壤，疏松，多孔多根，砾石含量25%。

32厘米以下，母岩层。

全剖面通体无盐酸反应，pH为7.5～7.7。

中层花岗片麻岩淋溶灰褐土典型剖面理化性状分析结果见表3-7。

表3-7 典型剖面理化性状分析结果

深度	有机质	全氮	全磷（克/千克）		pH	代换量	机械组成（%）	
（厘米）	（克/千克）	（克/千克）	p	P₂O₅		（摩尔/百克土）	>0.01毫米	<0.01毫米
5～8	6.10	0.300	0.069	0.158	7.55	21.23	80.4	19.6
8～14	5.74	0.263	0.069	0.158	7.7	21.23	81.6	18.4
14～32	5.24	0.220	0.052	0.119	7.7	13.66	85.6	14.4

兴县花岗片麻岩质淋溶灰褐土的形态特征归纳为：土层较薄，多数小于30厘米；土体质地较粗糙，多为沙壤母岩碎块，含量自上而下逐渐增多；腐殖质层较薄，多在5厘米左右；有不稳定的团粒结构，心底土层多为碎块状结构；淋溶现象不明显，养分含量有自上而下逐渐下降的趋势。

③石英砂岩质淋溶灰褐土。该土属发育于石英沙质残积坡积母质上，主要分布于恶虎滩、东会等地，面积1 277亩，占淋溶灰褐土亚类面积的0.80%。根据土层厚度，可划分为中层石英砂岩质淋溶灰褐土1个土种。

典型剖面采自东会乡姚家沟村王家洼，海拔1 700米的山地阳坡，自然植被有落叶松、柞树等。典型剖面形态特征如下：

0～2厘米，枯枝落叶层。

2～14厘米，灰褐色，轻壤，团粒结构，土体疏松，稍润，多孔多根，砾石含量10%。

14～40厘米，灰棕褐色，沙壤，屑粒、碎块状结构，稍润，土体较紧，多孔多根，砾石含量20%。

40厘米以下，母岩层。

典型剖面理化性状分析结果见表3-8。

表3-8 典型剖面理化性状分析结果

深度	有机质	全氮	全磷（克/千克）		pH	砾石（%）
（厘米）	（克/千克）	（克/千克）	P	P₂O₅		
2～14	3.933	0.197	0.053	0.121	7.5	10
14～40	2.11	0.122	0.030	0.069	7.8	20

石英砂岩质淋溶灰褐土的形态特征类似于花岗片麻岩质淋溶灰褐土，表现为土层较薄，质地较粗，腐殖质积累较少，淋溶现象不甚明显。

3. 栗褐土类（原命名：灰褐土类，亚类山地灰褐土、灰褐土性土、灰褐土，原土种号11、12、13、14、15、16、17、18、19、20、21、22、23、24、36、37、38、39、40、41、42、43、44、45、46、47、48、49、50、51、52、53、54、55、58、63、64、65号，

新土种号 58、59、62、64、50、51、54、57、52、71、63、60、61、66、65、67、69、70、74 号)

（1）山地灰褐土：山地灰褐土是垂直分布的山地基带土壤，主要分布于兴县东部海拔 1 350～1 800 米的中低山区，有时与淋溶灰褐土交叉分布，面积 854 840 亩，占灰褐土土类面积的 18.82%。

山地灰褐土所处生物气候条件是气温较低，降雨较多，夏季短暂，冬季漫长，年平均气温 5～6℃，年平均降水量 500 毫米左右，主要自然植被有杨、桦、山杏等林木和醋柳、羽茅、黄刺玫、白羊草等灌丛草本植物。

山地灰褐土具有以下显著特征：有不同程度的弱腐殖质化现象；碳酸钙移动明显，全剖面呈石灰反应；土壤肥力较高，有机质含量为 1%～3%；植被覆盖较差。

根据山地灰褐土亚类母质类型、利用方式和土层厚度的不同，该亚类共划为 9 个土属 14 个土种。现按土属类型依次叙述如下：

①黄土质山地灰褐土。该土属发育于黄土母质上，广泛分布在兴县东部各乡（镇）的土石山区，面积 535 816 亩，占山地灰褐土亚类面积的 62.68%。该土属土层一般较深厚，植被覆盖较差，土体发育比较微弱，土壤质地通体多为轻壤。根据其土层厚度划分为厚层黄土质山地灰褐土、薄层黄土质山地灰褐土、中层黄土质山地灰褐土 3 个土种。

现以贺家会乡紫方头村黄土质山地灰褐土典型剖面为例，典型剖面采自温家塔 1 422 米高程点南偏西 10°、距离 400 米处，植被有酸柳、蒿类、白羊草等。

0～0.5 厘米，枯枝落叶层。

0.5～20 厘米，灰棕色，轻壤，屑粒、团粒结构，土体疏松，稍润，多孔多根，盐酸反应强烈。

20～75 厘米，浅灰棕色，轻壤，块状结构，土体紧实，稍润，中孔中根。

75～105 厘米，浅灰棕色，轻壤，块状结构，土体紧实，稍润，少孔少根，并有少量碳酸钙点状淀积物。

105～150 厘米，浅灰棕色，轻壤，块状结构，土体紧实，稍润，少孔少根，并有少量碳酸钙点状淀积物。

该土属不同土种、不同剖面理化性状分析见表 3-9。

表 3-9　不同土种不同剖面理化性状分析

土种	剖面所在地	深度（厘米）	有机质（克/千克）	全氮（克/千克）	全磷（克/千克）		pH
					P	P₂O₅	
厚层黄土质山地灰褐土	贺家会乡紫方头村	0.5～20	1.26	0.084	0.059	0.135	7.6
		20～75	0.48	0.044	0.052	0.119	7.65
		75～105	0.39	0.037	0.054	0.124	7.7
		105～150	0.39	0.037	0.055	0.126	7.7
薄层黄土质山地灰褐土	肖家洼乡吕家坡村	2～5	6.42	0.296	0.067	0.153	7.5
		5～17	1.48	0.083	0.053	0.121	7.8
		17～28	0.83	0.055	0.049	0.112	7.85

（续）

土种	剖面所在地	深度（厘米）	有机质（克/千克）	全氮（克/千克）	全磷（克/千克）		pH
					P	P$_2$O$_5$	
中层黄土质山地灰褐土	恶虎滩乡下会村	1～6	6.51	0.292	0.070	0.160	7.7
		6～20	4.99	0.234	0.054	0.124	7.75
		20～30	2.38	0.106	0.032	0.073	8.0
		30～46	3.45	0.126	0.028	0.064	7.95

②花岗片麻岩质山地灰褐土。该土属发育于花岗片麻岩质残积坡积母质上，主要分布于东会、恶虎滩、交楼申、贺家会等地的石质山地，面积 71 054 亩，占山地灰褐土亚类面积的 8.31%。根据其土层厚度，划分为薄层花岗片麻岩质山地灰褐土、中层花岗片麻岩质山地灰褐土 2 个土种。

③石灰岩山地灰褐土。该土属发育于石灰岩质残积坡积母质上，主要分布于恶虎滩乡寨则梁一带，面积较小，6 042 亩，占山地灰褐土亚类面积的 0.71%。根据其土层厚度，划分为薄层石灰岩质山地灰褐土 1 个土种。

以上 2 个土属除母质类型、发育程度及土层厚度不同外，其形态特征基本相似，均表现为土层较薄，质地较粗，植被较稀疏，养分含量较高，剖面通体含有数量不等的母岩碎块。

④砂页岩质山地灰褐土。该土属发育于砂页岩质残积坡积母质上，主要分布在恶虎滩、木崖头乡的石质山区地带，面积 8 315 亩，占山地灰褐土亚类面积的 0.97%。根据其土层厚度划分为中层砂页岩质山地灰褐土 1 个土种。

典型剖面选自木崖头大井村，海拔 1 480 米、坡度较陡的山地阴坡，自然植被为醋柳、羽茅等草灌植物，局部地方有岩石出露。典型剖面形态特征如下：

0～0.5 厘米，枯枝落叶层。

0.5～17 厘米，灰褐棕色，沙壤，屑粒状结构，疏松多孔，土体稍润，多量植物根系。

17～34 厘米，褐灰棕色，沙壤，碎块状结构，土体紧实，稍润，少孔少根，母岩碎块 40%。

34 厘米以下，母岩。

该土属典型剖面化学性状分析结果见表 3－10。

表 3－10　典型剖面化学性状分析结果

深度（厘米）	有机质（克/千克）	全氮（克/千克）	全磷（克/千克）		pH
			P	P$_2$O$_5$	
0.5～17	27.7	1.68	0.61	1.40	7.9
17～34	43.9	2.68	0.73	1.67	7.85

⑤石英砂岩质山地灰褐土。该土属是在石英砂岩质残积坡积母质上发育的一种土壤，主要分布于东会、交楼申乡的石质山地上，面积 12 898 亩，占山地灰褐土亚类面积的

1.51%。土层厚度均小于 30 厘米，故只划分薄层石英砂岩质山地灰褐土 1 个土种。

⑥耕种黄土质山地灰褐土。该土属是山地灰褐土中一种主要的农业土壤，广泛分布于兴县东部山区的低山地带，面积 202 873 亩，占山地灰褐土亚类面积的 23.73%。

该土属发育于马兰黄土母质上，土层深厚，土体富含碳酸盐，在多数剖面的土体中可见到假菌丝体，大都为近代人为垦殖，故耕作历史较短，土体发育微弱，根据其表层质地，只划分厚层轻壤耕种黄土质山地灰褐土 1 个土种。

典型剖面选自奥家湾乡孙家庄村黑鸡圪达，海拔 1 500 米处，自然植被有狗尾草、白羊草等草本植物，中度侵蚀，一年一作，宜种山药、豌豆等作物。典型剖面形态特征如下：

0~18 厘米，褐灰棕色，轻壤，屑粒状结构，土体疏松，稍润，多孔中根。

18~36 厘米，灰棕色，轻壤，块状结构，土体紧实，稍润，中孔少根，有中量碳酸钙的点状淀积。

36~90 厘米，灰棕色，轻壤，块状结构，土体紧实，少孔。

90~150 厘米，浅灰棕色，轻壤，块状结构，土体紧实，少孔。

剖面通体盐酸反应强烈。理化性状分析结果见表 3-11。

表 3-11 典型剖面理化性状分析结果

深度（厘米）	有机质（克/千克）	全氮（克/千克）	全磷（克/千克）		pH	代换量（摩尔/百克土）	碳酸钙（%）	机械组成（%）	
			P	P₂O₅				>0.01 毫米	<0.01 毫米
0~18	6.7	0.57	0.54	1.24	8.2	6.62	10.66	76.4	23.6
18~36	5.3	0.37	0.56	1.28	8.3	8.13	12.15	75.6	24.4
36~90	6.2	0.44	0.55	1.26	8.3	6.62	9.97	70.4	29.6
90~150	4.3	0.41	0.56	1.28	8.3	6.61	11.24	72.8	27.2

耕种黄土质山地灰褐土同黄土质山地灰褐土相比较，有如下特征：层次极不明显，除耕作层疏松多孔，为屑粒状结构外，心土层以下大多为紧实的块状结构，过渡层次极不明显；受人为垦殖影响，植被稀疏，水土流失比较严重；养分含量较低，表层无腐殖质化现象。

⑦耕种红黄土质山地灰褐土。该土属分布在奥家湾乡孙家庄村等地的山地边缘上，面积极小，仅有 35 亩。在兴县呈复区分布（用代号表示），是在侵蚀作用下，上部黄土被剥蚀，红黄土出露地表而成的土壤。该土壤质地较黏，一般为中壤，重壤大都含有砂姜，土体坚实，颜色以浅红棕色为主。根据其表层质地砂姜含量及土体构型，只划分为浅位厚层少砂姜轻壤耕种红黄土质山地灰褐土 1 个土种。

典型剖面采自奥家湾乡孙家庄村榆弯，海拔 1 400 米处，地形为山地阴坡，自然植被有白羊草、狗尾草等草本植物。典型剖面形态特征如下：

0~20 厘米，灰红棕色，重壤，屑粒状结构，疏松，土体润，中孔多根。

20~39 厘米，浅红棕色，中壤，碎块状结构，土体紧实，土体润，中孔中根。

39~57 厘米，浅红棕色，重壤，块状结构，土体坚紧，湿润，少孔少根，并有少量碳酸钙的点状淀积，砂姜含量 5%。

57～150 厘米，浅红棕色，重壤，块状结构，土体紧实，少量孔隙，多量碳酸钙点状淀积，砂姜含量 10%。

剖面通体盐酸反应强烈，理化性状分析结果见表 3-12。

表 3-12　典型剖面理化性状分析结果

深度（厘米）	有机质（克/千克）	全氮（克/千克）	全磷（克/千克）		pH	代换量（摩尔/百克土）	碳酸钙（%）	机械组成（%）	
			P	P$_2$O$_5$				>0.01 毫米	<0.01 毫米
0～20	5.1	0.50	0.50	1.15	8.15	22.77	4.65	44.8	55
20～39	5.8	0.53	0.48	1.10	8.2	11.66	5.81	68.4	31.6
39～57	6.1	0.56	0.46	1.05	8.2	20.5	5.19	51.6	48.4
57～150	4.7	0.43	0.48	1.10	8.05	20.75	11.11	48.4	51.6

⑧耕种黑垆土质山地灰褐土。该土属主要分布于固贤、交楼申等乡的低山边缘地带，面积 1 554 亩，占山地灰褐土亚类面积的 0.18%。根据黑垆土母质对土壤产生的影响划分为轻壤耕种黑垆土质山地灰褐土 1 个土种。

耕种黑垆土质山地灰褐土属古老的成土遗迹，以棕黑色为主，灰色为次，是上部黄土冲刷剥蚀后，黑垆土裸露地表而形成的一种土壤。

典型剖面采自于固贤乡郑家岔村花金坪，海拔 1 470 米处，自然植被有灰茅、蒿类，地形为山地缓坡，一年一作，耕性较差，耕层容重 1.26 克/厘米³，含水量 11%，发育于古老的黑垆土母质上。典型剖面形态特征如下：

0～16 厘米，暗灰褐色，轻壤，屑粒状结构，土体疏松，稍润，多孔多根。

16～63 厘米，灰黑色，轻壤，块状结构，土体紧实，湿润，中孔中根。

63～107 厘米，棕黑色，轻壤，块状结构，土体坚实，润，少孔中根，中量碳酸钙丝状淀积。

107～150 厘米，浅灰棕黑色，沙壤，块状结构，土体较坚实，少孔中根，多量碳酸钙丝状淀积。

典型剖面理化性状分析结果见表 3-13。

表 3-13　典型剖面理化性状分析结果

深度（厘米）	有机质（克/千克）	全氮（克/千克）	全磷（克/千克）		pH	代换量（摩尔/百克土）	碳酸钙（%）	机械组成（%）	
			P	P$_2$O$_5$				>0.01 毫米	<0.01 毫米
0～16	13.2	0.72	0.50	1.15	8.1	13.18	3.44	74.8	25.2
16～63	12.1	1.09	0.49	1.12	8.0	11.66	3.44	76.0	24.0
63～107	12.7	0.61	0.50	1.15	8.0	11.66	3.36	78.0	22.0
107～150	19	1.16	0.60	1.37	8.0	17.97	2.45	84.4	15.6

耕种黑垆土质山地灰褐土颜色深暗，养分含量较高。

⑨耕种沟淤山地灰褐土。该土属是在洪积沟淤母质上经人为耕种熟化而成的一种耕

种土壤。主要分布在东会、交楼申乡的各较大 U 形沟谷中，面积 16 253 亩，占山地灰褐土亚类面积的 1.9%。根据土体构型、土层厚度及表层质地划分为薄层沙壤质耕种沟淤山地灰褐土、厚层轻壤质耕种沟淤山地灰褐土、中层轻壤质耕种沟淤山地灰褐土 3 个土种。

现将中层轻壤质耕种沟淤山地灰褐土的剖面形态特征、理化性状叙述如下（表 3-14）。

典型剖面采自交申乡安沟村，在戏楼坪海拔 1 770 米处，自然植被铁杆蒿、羽茅等，地形为山地沟坪地，一年一作，适种作物有马铃薯、莜麦等，耕层容重 1.15 克/厘米^3，含水量 17.6%。

0～25 厘米，灰褐色，轻壤，屑粒状结构，土体疏松，潮湿，多孔多根，盐酸反应强烈。

25～49 厘米，浅灰褐色，轻壤，块状结构，土体坚实，潮润，中孔中根，盐酸反应强烈，碳酸钙丝状淀积中量。

49 厘米以下，卵石层。

表 3-14　典型剖面理化性状分析结果

深度 （厘米）	有机质 （克/千克）	全氮 （克/毫克）	全磷（克/千克）		pH
			P	P$_2$O$_5$	
0～25	17.8	1.19	0.64	1.47	8.05
25～49	11.1	0.58	0.61	1.40	8.10

结果证明，该土壤表层均为屑粒状结构，心土层以下为碎块或块状结构，质地沙壤-轻壤，土性软绵，疏松易耕。受母质和耕作措施的影响，土壤养分含量比较丰富，土壤持水量适中，pH 多在 8 左右。

（2）灰褐土性土。该亚类土面积 214 625 亩，土属、土种情况如下：

①耕种红黄土质灰褐土性土。该土属面积 37 980 亩，占灰褐土性土亚类面积的 17.70%。大多呈带状分布于较陡的坡耕地上，红黄土母质，黏粒含量较多，颜色以灰红色为主。根据砂姜含量出现的部位与土层分为 3 个土种。轻壤耕种红黄土质灰褐土性土，面积 20 150 亩；少砂姜轻壤耕种红黄土质灰褐土性土，面积 15 571 亩；浅位中层少砂姜轻壤耕种红黄土质灰褐土性土，面积 2 259 亩。

少砂姜轻壤耕种红黄土质灰褐土性土的典型剖面采自瓦塘镇刘家沟村垆土塔、海拔 880 米处，地形为丘陵坡红黄土母质。自然植被有针茅、白蒿等，重度侵蚀，耕层含水量 13.1%，容重 1.28 克/厘米^3。典型剖面形态特征如下：

0～15 厘米，灰褐棕色，轻壤，屑粒状结构，疏松多孔，土体润，植物根系多，砂姜含量 3%。

15～56 厘米，红棕色，中壤，块状结构，土体紧实，润，中孔中根，砂姜含量 5%。

56～102 厘米，红棕色，重壤，块状结构，土体坚实，砂姜含量 5%。

通体盐酸反应强烈，典型剖面理化性状分析结果见表 3-15。

表 3‑15　典型剖面理化性状分析结果表

深度（厘米）	有机质（克/千克）	全氮（克/千克）	全磷（克/千克）		pH	碳酸钙（%）	代换量（摩尔/百克土）	机械组成（%）				
			P	P$_2$O$_5$				0.1～0.05毫米	0.05～0.01毫米	0.01～0.005毫米	0.005～0.001毫米	<0.001毫米
0～15	6.7	0.37	0.50	1.15	8.2	6.87	13.64	29.6	34.8	9.2	13.2	13.2
15～56	2.0	0.18	0.28	0.64	8.15	6.35	23.46	21.6	21.2	11.2	27.6	18.4
56～102	1.3	0.06	0.21	0.48	7.9	1.40	26.42	19.6	24.0	8.0	40.8	7.6
102～150	1.5	0.15	0.21	0.48	7.9	0	25.80	16.4	22.8	8.8	39.2	12.8

综上所述，耕种红黄土质灰褐土性土形态特征可归纳为：质地较重，<0.01毫米黏粒占30%以上，构型为轻壤-中壤-重壤-重壤；颜色以灰红棕为主，耕层较疏松，屑粒状结构。心、底土层坚实，为块状结构；上部盐酸反应较下部强烈，pH均在8左右。

②红黄土质灰褐土性土，该土属多分布在侵蚀严重的沟壑上，上部马兰黄土被冲刷，离石黄土出露地表；土体干燥，植被覆盖较差，不宜耕种，在城关、蔡家会等地均有分布，面积83 170亩，占灰褐土性土亚类面积的38.75%。根据砂姜有无及其含量，划分为中壤红黄土质灰褐土性土，少砂姜中壤红黄土质灰褐土性土2个土种。化学性质分析结果见表3‑16。

表 3‑16　化学性质分析结果

土种	地点	深度（厘米）	有机质（克/千克）	全氮（克/千克）	全磷（克/千克）		pH
					P	P$_2$O$_5$	
中壤红黄土质灰褐土性土	肖家洼乡树林村	0.5～19	21.2	1.14	0.51	1.17	7.65
		19～67	4.4	0.44	0.44	1.01	7.8
		67～113	2.2	0.22	0.32	0.73	7.9
		113～150	2.5	0.25	0.36	0.83	8.0
少砂姜中壤红黄土质灰褐土性土	蔡家会乡柳林村	1～25	6.6	0.33	0.41	0.94	7.95
		25～55	4.4	0.25	0.43	0.98	8.0
		55～80	5.0	0.25	0.43	0.98	7.95
		80～110	4.2	0.31	0.42	0.96	7.9
		110～150	3.0	0.18	0.40	0.92	7.9

该土属同耕种红黄土质灰褐土性土相比较，形态特征基本相同，只是耕种红黄土质灰褐土性土熟化程度较高、土壤养分的物质循环较快。

③耕种坡积灰褐土性土。该土属面积14 277亩，占灰褐土性土亚类面积的6.65%。该土壤由于上部受重力或水力作用，土体大面积崩塌，明显发生位移现象，沉积于山麓一

带，称之为坡积物。沉积后的地形大都为凸形缓坡，土体错乱，颜色较杂，质地差异较大，排列无规，结构多为碎块状。

根据表层质地和坡积母质的差异性，划分为轻壤黄土质耕种坡积灰褐土性土、轻壤五花耕种坡积灰褐土性土2个土种。

轻壤五花耕种坡积灰褐土性土的典型剖面采自贺家会乡贺家沟村、海拔1 130米处，地形为丘陵坡，发育于坡积母质上，轻度侵蚀，自然植被有狗尾草、白蒿等。典型剖面形态特征如下：

0～15厘米，浅红褐棕色，轻壤偏中壤，屑粒状结构，疏松，多孔多根，土体润。

15～30厘米，灰棕色，中壤，碎块状结构，土体紧实，稍润，中孔中根。

30～75厘米，浅红棕色，中壤，碎块状结构，土体紧实，稍润，少孔少根。

75～110厘米，浅红灰棕色。中壤，块状结构，土体紧实，少孔，润，植物根系极少。

110～150厘米，浅灰棕色，中壤，块状结构，土体紧实，极少孔隙。

通体盐酸反应强烈，理化性状分析结果见表3-17。

表3-17 理化性状分析结果

土种	地点	深度（厘米）	有机质（克/千克）	全氮（克/千克）	全磷（克/千克）		pH	碳酸钙（%）	代换量（摩尔/百克土）
					P	P₂O₅			
轻壤黄土质耕种坡积灰褐土性土	蔡家崖乡圪达坡村	0～18	5.8	0.42	0.59	1.35	7.9		
		18～33	5.1	0.31	0.57	1.31	8.0		
		33～48	3.7	0.41	0.56	1.28	7.8		
		48～102	3.1	0.31	0.57	1.31	8.0		
		102～150	3.2	0.23	0.58	1.33	7.9		
轻壤五花耕种坡积灰褐土性土	贺家会乡贺家沟村	0～15	3.4	0.34	0.51	1.17	8.1	7.56	9.65
		15～30	4.2	0.31	0.51	1.17	8.2	7.56	11.16
		30～75	1.9	0.18	0.41	0.94	8.3	4.26	13.17
		75～110	1.9	0.18	0.39	0.89	8.3	9.40	10.91
		110～150	1.8	0.17	0.51	1.17	8.3	11.99	9.14

④坡积灰褐土性土。该土属同耕种坡积灰褐土性土相似，均发育于坡积母质上。理化性状极为相近，只是由于受地形条件所限制，在利用方式上暂为非农业耕种土壤；面积14 227亩，占灰褐土性土亚类面积的6.63%，部分已被林业生产所占用。根据砂姜含量和母质的差异性，划分为轻壤黄土质坡积灰褐土性土、少砂姜中壤五花坡积灰褐土性土2个土种。

轻壤黄土质坡积灰褐土性土的典型剖面选自小善乡石家吉村、海拔910米处，地形为丘陵沟壑坡积母质，重度侵蚀，自然植被有白蒿、狗尾草等。典型剖面形态特征如下：

0～25厘米，浅褐灰棕色，轻壤，屑粒状结构，土体疏松，稍润，多孔多根。

25～42厘米，浅灰棕色，轻壤，碎块状结构、土体疏松，稍润，中孔中根。

42～86厘米，浅灰棕色，轻壤，块状结构，土体紧实，稍润，中孔中根。

86～122厘米，浅灰棕色，轻壤，块状结构，土体紧实，稍润，中孔中根。

122～150厘米，浅灰棕色，轻壤，碎块状结构，土体较松，稍润，中量孔隙。

通体盐酸反应强烈，典型剖面理化性状分析结果见表3-18。

表3-18　典型剖面理化性状分析结果

深度 （厘米）	有机质 （克/千克）	全氮 （克/千克）	全磷（克/千克）		pH
			P	P_2O_5	
0～25	4.9	0.2	0.57	1.31	8.1
25～42	4.4	0.18	0.56	1.28	8
42～86	3.5	0.219	0.57	1.31	7.9
86～122	3.2	0.27	0.56	1.28	7.95
122～150	4.3	0.25	0.69	1.58	8

剖面第五层有机质含量较相邻土层高出26%，但土体较疏松，呈碎块状结构，表明原耕层覆盖较深，呈重叠剖面。

总之，发育于坡积母质上的土壤，可归纳为如下特征：由于坡积无规律，因而剖面无层次、无分选；结构多为碎块状，通气、透水性能良好；通体颜色混杂，以灰褐棕色为主；pH在8左右。

⑤耕种沟淤灰褐土性土。该土属是随土壤侵蚀而形成的土壤类型，分布于海拔1400米以下的沟谷底部，是山洪淤积后因水流下切退出的高台或是经人工闸沟打坝，将降雨时大量携带沟谷两侧黄土、红黄土截拦逐年淤积后形成的幼龄土壤，面积58 437亩，占灰褐土性土亚类面积的27.23%。根据其表层质地、土体构型和特殊层次的出现，划分为11个土种：

沙壤质耕种沟淤灰褐土性土，面积5 925亩。表层质地为沙壤，土层较深厚。

中层沙壤质耕种沟淤灰褐土性土，面积1 444亩。表层质地为沙壤，土层厚度30～80厘米，以下为砂卵石。

中砾石沙壤质耕种沟淤灰褐土性土，面积4 672亩。表层质地为沙壤，通体砾石含量<10%。

深位薄沙砾石层沙壤质耕种沟淤灰褐土性土，面积1 145亩。表层质地为沙壤，剖面19厘米处出现<20厘米的沙砾石层，此土体构型通常称作"漏沙型"。

深位厚黏层沙壤质耕种沟淤灰褐土性土，面积434亩，表层质地为沙壤，在93厘米处出现了厚重壤层。

轻壤质耕种沟淤灰褐土性土，面积33 644亩，表层质地为轻壤，土层较深厚。

薄层轻壤质耕种沟淤灰褐土性土，面积357亩，表层为轻壤，淤积层厚度<30厘米。

中层轻壤质耕种沟淤灰褐土性土，面积6 673亩，表层质地为轻壤，淤积层厚度为30～80厘米。

少砾石轻壤质耕种沟淤灰褐土性土，面积1 964亩，表层质地为轻壤，土体中砾石含量10%。

浅位厚层多砾石轻壤质耕种沟淤灰褐土性土，面积1 893亩，表层质地为轻壤，土体上部砾石含量＞10%。

浅位厚黏层轻壤质耕种沟淤灰褐土性土，面积286亩，表层质地为轻壤，土体中部有＞50厘米的重壤层，此土体构型通常称作"蒙金型"。

该土属由于侵蚀淤积频繁，层次更加明显，形成了构型复杂、土种繁多的特点。具有代表性的4种构型见表3-19。

表3-19 耕种沟淤灰褐土性土具有代表性的4种构型

土壤名称	地点	深度（厘米）	有机质（克/千克）	全氮（克/千克）	全磷（克/千克）		pH	碳酸钙（%）	代换量（摩尔/百克土）
					P	P₂O₅			
沙壤质耕种沟淤灰褐土性土	杨家坡乡杨家坪村	0~16	2.9	0.16	0.58	1.33	8	12.52	6.43
		16~40	3.1	0.27	0.58	1.33	7.9	12.48	6.54
		40~70	3.5	0.27	0.59	1.35	7.8	9.51	4.73
		70~106	3.9	0.27	0.62	4.2	8.1	13.02	5.84
		106~150	7.6	0.5	0.65	1.49	8.1	13.19	6.22
轻壤质耕种沟淤灰褐土	固贤乡炕火沟村	0~18	4.6	0.37	0.58	1.33	8.4		
		18~49	3.4	0.25	0.55	1.26	8.4		
		49~98	2.7	0.25	0.5	1.15	8.3		
		98~150	2.9	0.25	0.55	1.26	8.3		
深位薄沙砾石层沙壤质耕种沟淤灰褐土性土	罗峪口镇张家坪村	0~19	3.3	0.3	0.54	1.24	8.2		
		38~81	3.1	0.28	0.52	1.19	8.2		
浅位厚黏层轻壤质耕种沟淤灰褐土性土	关家崖乡麦地山村	0~21	7.5	0.41	0.55	1.26	8.25		
		21~59	8.4	0.56	0.56	1.28	8.2		
		59~102	3.6	0.25	0.53	1.21	8.4		
		102~150	2.6	2.19	0.52	1.19	8.3		

从分析结果看，4种构型耕层有机质含量由高到低，依次是蒙金型、通壤型、漏沙型、通沙型。但从剖面上有机质含量分析来看，通沙型含量为0.41%，居4种构型的第二位，说明此构型漏水漏肥现象极为严重。

该土属均为近代洪积淤积构成。由于水的分选作用，往往在靠近沟口处土层较厚，质地较粗；距沟口较远处，则土层较薄，质地较细，成土时间较短，熟化程度较低，堆积层次明显，质地差异较大。水分状况较好，养分含量较高，为其基本形态特征。

⑥耕种黑垆土质灰褐土性土。该土属零星分布于城关、康宁、奥家湾、交楼申等乡（镇）的丘陵边缘缓坡上，面积6 534亩，占灰褐土性土亚类面积的3.04%。

该土属发育于古老的黑垆土母质上，颜色以灰黑棕色为主，质地轻壤-中壤，在土体中下部，大多有明显的丝状或点状碳酸钙淀积物，水肥条件较好，潜在养分含量也较高。根据其表层质地，只划分轻壤耕种黑垆土质灰褐土性土1个土种。

典型剖面采自交楼申乡陈家圪台村、海拔1 880米处，地形为丘陵缓坡，轻度侵蚀，一年一作，自然植被主要有灰菜、苦菜等。典型剖面形态特征如下：

0～18厘米，暗灰褐色，轻壤，屑粒状结构，土体稍润，多孔多根。

18～46厘米，灰黑棕色，中壤，块状结构，土体紧实、稍润、多孔多根。

46～87厘米，灰黑棕色，中壤，块状结构，土体紧实，稍润，中孔中根。

87～110厘米，黑棕灰色，中壤，块状结构，稍润，土体紧实，中孔中根，有少量假菌丝状的碳酸钙淀积。

110～150厘米，黑棕灰色，中壤，块状结构，土体紧实，稍润，有少量孔隙、假丝体。

耕层有机质含量1.82%、全氮0.117%、P_2O_5 0.133%、pH8.0、碳酸钙4.16%、代换量11.66摩尔/百克土。

（3）灰褐土：该亚类土壤主要分布于兴县河谷阶地较高处或黄河二级阶地上，面积31 321亩，占灰褐土土类面积的0.69%。

灰褐土所处的地形平坦或微有倾斜，成土母质为黄土状物质或洪积-冲积物，地下水位较深，腐殖质化、钙积化和黏化现象的发育极不明显。根据其成土母质和利用方式划分为耕种黄土状灰褐土、耕种冲积灰褐土、冲积灰褐土3个土属。

①耕种黄土状灰褐土。该土属主要分布于县川、西川、南川河流的二级阶地上，面积22 257亩，占灰褐土亚类面积的71.06%。母质为黄土状物质，土层较深厚，多数大于150厘米，地形平坦较为开阔，不受或微受侵蚀，也不受地下水影响。具有代表性的植物主要有灰菜、苦菜、苋菜等。根据土层厚度及表层质地划分为轻壤质耕种黄土状灰褐土、中层轻壤质耕种黄土状灰褐土、厚层轻壤质耕种黄土状灰褐土3个土种。

现将轻壤质耕种黄土状灰褐土的剖面特征及理化性状叙述如下：

典型剖面选自康宁镇康宁村长申坪，黄土状母质，地形为川谷阶地，地下水位10米左右，自然植被有苦菜、灰菜等，一年一作，耕层含水量13.5%，容重1.20克/厘米^3，耕性良好，质地适中，灌溉方便，是肥力较高的高产土壤。典型剖面形态特征如下：

0～20厘米，浅灰褐棕色，轻壤，屑粒状结构，土体疏松，潮润，多孔多根。

20～50厘米，浅灰棕色，轻壤偏沙，碎块-块状结构，土体坚实，潮润，中孔中根。

50～98厘米，浅灰棕色，轻壤偏沙，块状结构，土体紧实，潮润，少孔中根，假菌丝体少量。

98～150厘米，浅灰棕色，轻壤偏沙，块状结构，土体紧实，潮润，少量孔隙，中量假菌丝体。

轻壤质耕种黄土状灰褐土、厚层轻壤质耕种黄土状灰褐土理化性状分析见表3-20。

表 3 - 20 理化性状分析

土种	剖面所在地	深度（厘米）	有机质（克/千克）	全氮（克/千克）	全磷（克/千克）		pH	碳酸钙（%）	代换量（摩尔/百克土）	机械组成（%）				
					P	P₂O₅				0.1~0.05毫米	0.05~0.01毫米	0.01~0.005毫米	0.005~0.001毫米	<0.001毫米
轻壤质耕种黄土状灰褐土	康宁镇康宁村	0~20	7.7	0.53	0.60	1.51	8.15	7.58	7.87	32.4	46.0	7.2	8.0	6.4
		20~50	4.2	0.25	0.59	1.35	8.2	7.80	6.36	38.4	43.2	5.2	7.2	5.6
		50~98	2.2	0.16	0.54	1.24	8.1	7.65	7.12	41.6	39.2	5.2	6.4	7.6
		98~150	3.0	0.16	0.56	1.28	8.2	8.06	6.37	41.6	39.2	5.2	6.4	7.6
	魏家滩镇魏家滩村	0~20	8.3	0.49	0.68	1.56	7.9	—	—	—	—	—	—	—
		20~38	10.4	0.62	0.70	1.60	7.85	—	—	—	—	—	—	—
		38~82	3.6	0.24	0.59	1.35	7.95	—	—	—	—	—	—	—
		82~120	3.7	0.29	0.56	1.28	7.9	—	—	—	—	—	—	—
		120~150	4.6	0.33	0.59	1.35	8.0	—	—	—	—	—	—	—
厚层轻壤质耕种黄土状灰褐土	恶虎滩乡下会村	0~16	7.7	0.64	0.64	1.47	8.1	8.09	7.62	58.8	14.8	11.4	8.2	6.8
		16~47	3.6	0.27	0.54	1.24	8.2	8.56	4.59	45.6	36.0	5.8	7.0	5.6
		47~80	3.0	0.30	0.54	1.24	8.2	7.82	6.6	53.6	31.6	4.2	3.8	6.8
		80~116	3.4	0.31	0.71	1.63	8.2	7.13	5.86	59.6	28.0	5.4	3.4	3.6

表3-20表明，灰褐土有机质的含量耕层高于心、底土层，耕层多数大于7.5克/千克，心、底土层为3～4克/千克，自上而下趋于递减。全剖面质地构型为轻壤-沙壤-沙壤，黏化、钙积现象均不明显，多在7.8%～8.5%。

该土属的形态特征可归纳为：土体一般深厚，质地沙壤-轻壤，土性软绵，疏松易耕，保水保肥性能较好，颜色呈浅灰褐棕色或浅灰棕色；耕作层为屑粒状结构，心、底土层为碎块或块状结构，并有假菌丝状的碳酸钙淀积和极其微弱的黏粒淀积现象；全剖面盐酸反应强烈，pH在8左右。

4. 粗骨土类（原命名：灰褐土类，亚类粗骨性灰褐土，原土种号25、26、56、57、27号，新土种号86、85、83号）　该土类零星分布于坡度较陡、植被不良、水分状况较差、水土流失极为严重的低山丘陵沟壑上，面积204 188亩，占灰褐土土类面积的4.50%。由于侵蚀作用，粗骨性灰褐土土层瘠薄，土质粗糙，土体中混有岩石风化后的碎块、碎屑等产物，局部地方岩石裸露于地表。

根据母质类型的不同，粗骨性灰褐土亚类，划分为砂页岩质粗骨性灰褐土、石灰岩质粗骨性灰褐土、砂页岩质粗骨性灰褐土、花岗片麻岩质粗骨性灰褐土4个土属，又依次划分为3个典型土种。

以上4个土属有3个土属基本上保留了原母岩的特性，理化性状大体上相似或相近，表层有1厘米左右的枯枝落叶层，土体颜色依母岩的颜色而异，全剖面质地为轻壤-沙壤，为碎块状结构，土体稍润，盐酸反应强烈，通体有数量不等的岩石碎块。

（1）石灰岩质粗骨性灰褐土：该土属的典型剖面采自关家崖乡贺家圪台村黑石坡、海拔1 245米处，地形为丘陵坡，残积-坡积母质，重度侵蚀，自然植被有铁杆蒿、羽茅等草本植物。典型剖面理化性状分析结果见表3-21。

表3-21　典型剖面理化性状分析结果

深度 （厘米）	有机质 （克/千克）	全氮 （克/千克）	全磷（克/千克）		pH	砾石（%）
			P	P₂O₅		
1～23	12.3	0.55	0.49	1.12	8.2	30
23～48	11.0	0.50	0.46	1.05	8.1	30

从表3-21看出，石灰岩质粗骨性灰褐土虽然质地、结构等物理性状差些，但表层养分含量高于一般耕种土壤，故在利用上要重视开发，或抚育幼林或种植草灌，以控制和减少水土流失，保持生态平衡。

（2）砂页岩质灰褐土性土：该土属主要分布于魏家滩、罗峪口、瓦塘、固贤、蔡家会等乡（镇）的丘陵地带。面积18 610亩，占灰褐土性土亚类面积的0.60%。根据土层厚度划分为2个土种：

①薄层砂页岩质灰褐土性土，面积15 972亩，质地沙壤，由砂页岩风化而成，土层厚度在30厘米以下。

②中层砂页岩质灰褐土性土，面积2 638亩，质地沙壤，由砂页岩风化而成，土层厚度为30～80厘米。

该土属的2个土种，除土层厚度不同外，其他剖面形态特征基本相同，现将薄层砂页

岩质灰褐土性土剖面形态特征描述如下：

该土种典型剖面选自罗峪口镇王家洼村、海拔885米处，地形为丘陵坡地，残积母质，重度侵蚀。自然植被有铁杆蒿、针茅等。

0～1厘米，枯枝落叶层。

1～18厘米，浅褐棕色，沙壤质地，屑粒状结构，疏松，多孔多根，土体湿润，砾石5％，盐酸反应强烈。

18厘米以下，为基岩。

典型剖面理化性状分析结果见表3－22。

表3－22　典型剖面理化性状分析结果

深度	有机质	全氮	全磷（克/千克）		pH
（厘米）	（克/千克）	（克/千克）	P	P₂O₅	
1～18	1.21	0.97	0.61	1.4	8.2

5. 黄绵土类（原命名：灰褐土类，亚类灰褐土性土，原土属耕种黄土质灰褐土性土、黄土质灰褐土性土，原土种号28、29、30、31、32、33、34、35号，新土种号88、87号）

（1）耕种黄土质灰褐土性土：该土属广泛分布于兴县丘陵的梁峁沟壑上，耕作历史悠久，为黄土母质上直接受人为影响熟化的土壤；是全县分布最广、面积最大的农业土壤，但由于强烈侵蚀，耕种土壤遭受冲刷，致土壤发育常处于幼年阶段。面积1 675 415亩，占灰褐土土类总面积的36.90％。

根据其人为影响、表层质地砂姜含量和特殊层次部位出现的不同、划分为5个土种。

①轻壤耕种黄土质灰褐土性土。该土种是在黄土母质上发育的土壤，土层深厚，土性软绵，土体干燥，垂直节理为本土种的基本特点。颜色以灰棕色为主，耕层结构为屑粒状，心、底土层为碎块或块状结构，质地以轻壤为主，粉沙含量多在60％以上，层次之间的过渡极不清晰，母质特征十分明显，全剖面碳酸钙含量较高，多在10％左右，呈丝状或点状淀积于土体中、下部，耕层有机质含量多在1.0％以下。典型剖面理化性状分析见表3－23、机械组成分析结果见表3－24。

表3－23　典型剖面理化性状分析

地点	深度（厘米）	有机质（克/千克）	全氮（克/千克）	全磷（克/千克）		pH	碳酸钙（％）	代换量（摩尔/百克土）
				P	P₂O₅			
贺家会乡安月村	0～15	4.5	0.37	0.55	1.26	8.2	10.10	5.1
	15～60	2.8	0.27	0.54	1.24	8.2	10.83	7.62
	60～104	2.5	0.24	0.52	1.19	8.0	11.20	5.1
	104～150	2.1	0.16	0.55	1.26	8.2	10.36	8.46
奥家湾乡姚儿湾村	0～13	3.9	0.39	0.54	1.24	7.85	—	—
	13～43	3.9	0.39	0.52	1.19	7.95	—	—
	43～85	3.0	0.30	0.54	1.24	7.90	—	—
	85～150	3.0	0.31	0.53	1.21	8.0	—	—

（续）

地点	深度（厘米）	有机质（克/千克）	全氮（克/千克）	全磷（克/千克）		pH	碳酸钙（%）	代换量（摩尔/百克土）
				P	P_2O_5			
瓦塘镇王家峁村	0～15	3.9	0.27	0.54	1.24	8.2	—	—
	15～47	2.5	0.18	0.52	1.19	8.25	—	—
	47～84	2.4	0.18	0.53	1.21	8.3	—	—
	84～113	2.1	0.15	0.54	1.24	8.3	—	—
	113～150	2.4	0.18	0.54	1.24	8.3	—	—

表 3－24　机械组成分析结果

深度（厘米）	机械组成（%）				
	0.05～0.1 毫米	0.01～0.05 毫米	0.005～0.01 毫米	0.001～0.005 毫米	＜0.001 毫米
0～15	35.4	46.0	7.2	7.6	3.6
15～60	33.6	46.8	8.0	7.6	4.0
60～104	32.8	46.8	8.4	6.8	5.2
104～150	33.6	48.0	7.2	7.2	4.2

该土种分析结果表明，质地较轻＜0.01 毫米物理黏粒不足 20%，通体质地沙壤偏轻壤；养分含量较低，耕层有机质含量＜0.6%、全氮＜0.05%，与兴县养分丰缺评级标准衡量，均属极缺状态；养分潜力不佳；通体盐酸反应较强烈，pH 多在 8 左右。

②人造平原轻壤耕种黄土质灰褐土性土。该土种主要分布在较为开阔的圆丘或河谷上部、轻度侵蚀的坡耕地上，经人为起高垫低平整而成，部分已整修为水浇地，从而大大地减缓了水土流失，改善了立地条件，成为高产农田。

典型剖面选自城关镇圪洞大队西鱼塔、地形为丘陵缓坡、海拔 1 000 米处，黄土母质，自然植被有灰菜、苦菜等。耕层含水量 13.6%，容重 1.18 克/厘米³。典型剖面形态特征如下：

0～20 厘米，褐灰棕色，轻壤，屑粒状结构，土体疏松，润，多孔多根。

20～48 厘米，褐灰棕色，轻壤，块状结构，稍紧，润，中孔中根。

48～90 厘米，灰褐棕色，轻壤，块状结构，土体紧实，润，少孔少根，有少量菌丝状的碳酸钙淀积。

90～150 厘米，灰褐棕色，轻壤，块状结构，土体紧实，少量假菌丝体，孔隙和植物根系极少。

通体盐酸反应强烈。典型剖面理化性状分析结果见表 3－25。

表 3－25　典型剖面理化性状分析结果

深度（厘米）	有机质（克/千克）	全氮（克/千克）	全磷（克/千克）		pH
			P	P_2O_5	
0～20	11.3	0.61	0.59	1.35	8.0
20～48	5.7	0.31	0.52	1.19	7.7

（续）

深度 （厘米）	有机质 （克/千克）	全氮 （克/千克）	全磷（克/千克）		pH
			P	P$_2$O$_5$	
48～90	5.3	0.41	0.53	1.21	7.7
90～150	8.3	0.48	0.59	1.35	7.9

人造平原轻壤耕种黄土质灰褐土性土同轻壤耕种黄土质灰褐土性土相比较，养分含量的差异较为明显，耕层有机质含量前者比后者高出 66%，含氮量高出 49%。

③少砂姜轻壤耕种黄土质灰褐土性土。该土种面积 1 697 亩，主要分布于侵蚀严重的丘陵地上，土体中含有 5%左右的砂姜，在一定程度上抑制和影响了土壤肥力和农作物的生长。该土壤质地稍重，多为沙壤偏轻壤，保水保肥能力差，吸收率低。故土壤贫瘠，乏肥现象相当严重。典型剖面理化性状分析结果见表 3-26。

表 3-26　典型剖面理化性状分析结果

深度 （厘米）	有机质 （克/千克）	全氮 （克/千克）	全磷（克/千克）		pH	砂姜 （%）
			P	P$_2$O$_5$		
0～17	2.5	0.15	0.47	1.08	7.9	5
17～48	1.4	0.09	0.44	1.01	8.2	5
48～72	1.6	0.12	0.43	0.98	8.1	5
72～150	1.5	0.12	0.46	1.05	7.7	5

④浅位中黑垆土层轻壤耕种黄土质灰褐土性土。该土种面积极小，土体中部 35 厘米处出现>20 厘米左右的黑垆土层。

⑤深位厚黑垆土层轻壤耕种黄土质灰褐土性土。该土种土体底部 119 厘米处出现黑垆土层，颜色浅黑灰色，质地为轻壤，有少量假菌丝状的碳酸钙淀积。

典型剖面理化性状分析结果见表 3-27。

表 3-27　典型剖面理化性状分析结果

土种	深度 （厘米）	有机质 （克/千克）	全氮 （克/千克）	全磷（克/千克）		pH	碳酸钙 （%）	代换量 （摩尔/百克土）
				P	P$_2$O$_5$			
浅位中黑垆土层 轻壤耕种黄土质 灰褐土性土	0～15	7.2	0.46	0.49	1.12	8.1	—	—
	15～35	11.5	1.12	0.54	1.24	8.1	—	—
	35～56	8.4	0.62	0.48	1.10	8.1	—	—
	56～150	10.9	0.62	0.55	1.26	8.2	—	—
深位厚黑垆土层 轻壤耕种黄土质 灰褐土性土	0～19	4.8	0.31	0.58	1.33	7.9	10.11	4.99
	19～51	2.0	0.20	0.53	1.21	7.9	9.59	3.96
	51～95	1.7	0.17	0.55	1.26	7.9	8.78	5.12
	95～119	3.2	0.25	0.59	1.35	8.0	8.42	5.48
	119～150	1.6	0.15	0.65	1.49	7.95	4.80	10.14

表 3-27 可以说明，黑垆土层质地为轻壤偏中壤，均与上层相差 1～2 级，土体构型为非典型的蒙金型，具有拦截淋溶、托水聚肥之功能，有机质含量同相邻上层相比，分别高出 37％和 38％。

（2）黄土质灰褐土性土：该土属是黄土丘陵区非耕种土壤中分布最广的一个土壤类型。面积 1 169 818 亩，占灰褐土土类面积的 25.76％。目前农业生产上尚难以利用，根据其土层厚度的不同，划分为以下 3 个土种。

①沙壤黄土质灰褐土性土，面积 1 098 716 亩。

②薄层沙壤黄土质灰褐土性土，面积 50 821 亩。

③中层沙壤黄土质灰褐土性土，面积 20 281 亩。

黄土质灰褐土性土典型剖面采自肖家洼乡康家沟村、海拔 1 180 米处，地形为丘陵坡，自然植被有白蒿、针茅、达乌里胡枝子等草本植物。典型剖面形态特征如下：

0～0.5 厘米，枯枝落叶。

0.5～17 厘米，浅灰棕褐色，沙壤偏轻壤，屑粒状结构，土体疏松，润，多孔多根。

17～67 厘米，浅灰棕色，沙壤偏轻壤，碎块状结构，稍紧实，润，多孔多根。

67～109 厘米，浅棕色，沙壤偏轻壤，块状结构，紧实稍松，中孔中根。

109～150 厘米，浅灰棕色，轻壤偏沙，块状结构，紧实，稍润，少孔少根。

通体盐酸反应强烈，土体中、下部均有假菌丝状的碳酸钙淀积。典型剖面理化性状分析结果见表 3-28。

表 3-28　典型剖面理化性状分析结果

深度（厘米）	有机质（克/千克）	全氮（克/千克）	全磷（克/千克）		pH	碳酸钙（％）	代换量（摩尔/百克土）	机械组成（％）	
			P	P$_2$O$_5$				>0.01 毫米	<0.01 毫米
0.5～17	3.9	0.29	0.54	1.24	7.9	8.19	2.07	84.0	16.0
17～63	2.8	0.28	0.54	1.24	8.0	9.9	5.10	8.32	16.8
63～109	2.8	0.16	0.55	1.26	8.0	10.13	5.36	80.4	19.6
109～150	3.0	0.27	0.56	1.28	8.0	10.16	4.09	80.0	20.0

黄土质灰褐土性土同轻壤耕种黄土质灰褐土性土相比，理化性状极为相似，典型剖面有机质含量分别为 1.25％和 1.19％，差异为 0.06％，且自上而下呈交叉下降。说明耕种土壤与非耕种土壤之间的变化规律不甚明显。

6. 红黏土类（原命名：灰褐土类，土属红土质灰褐土性土，原土种号 59、60、61、62 号，新土种号 90、91 号）

红土质灰褐土性土：该土属发育于黄土沉积物底部，是上部黄土冲刷后，第三纪保德红土裸露地表形成的。兴县埋藏深度不一，厚达数百米，浅者仅几米，主要分布在罗峪口、贺家会、康宁、肖家洼、杨家坡、白家沟等乡（镇）的侵蚀严重的沟坡，以及黄土剥蚀精光的沟壑地区，面积 17 300 亩。该土属可分为少砂姜重壤耕种红土质灰褐土性土、少砂姜重壤红土质灰褐土性土、多砂姜重壤红土质灰褐土性土、重壤红土质灰褐土性土 4 个土种。

保德红土，颜色暗红，质地为黏土，坚硬，土体表面有黑色的铁锰胶膜，有的已形成结核，呈酸性反应。有的土壤由于第三纪形成时在高温高湿影响作用下，土体内含有丰富的碳酸钙结核，呈块状或核状。该土壤在离村庄较近耕作便利的地方，部分地块已被人为垦殖，但由于其物理化学性状欠佳，因而收成甚微。

从剖面观察结果来看，均具有以下形态特征：表层有 5 厘米左右的风化层，呈碎片或粒状结构。盐酸反应极微弱，质地重壤-黏壤；心、底土层颜色暗红，质地黏土，结构呈碎块状，棱角明显，呈酸性反应；土体中有丰富的钙结核，呈块状。在结构面上，有黑色的铁锰胶膜成结核；主体坚硬致密、固、气、液三相比例失调，容重>1.3 克/厘米³。

7. 新积土类（原命名：灰褐土类，土属冲积灰褐土、耕种冲积灰褐土，原土种号：66、67、68 号，新土种号 92 号）

（1）冲积灰褐土：该土属主要分布于兴县黄河二级阶地，目前尚未被农业生产所利用，面积 2 652 亩。该土属母质为洪积-冲积物，土体松散，质地粗糙，通体为沙壤-沙土，地下水位较深，典型的指示性植物有白蒿、地锦、苍耳、苦菜等，根据其表层质地划分沙壤质冲积灰褐土 1 个土种。

典型剖面采自罗峪口镇王化滩村前河滩、海拔 745 米处，地形为黄河二级阶地，冲积-淤积母质，现为林业用地。表层含水量 10.6%，容重 1.27 克/厘米³。典型剖面形态特征如下：

0～1 厘米，枯枝落叶层。

1～24 厘米，浅灰褐棕色，沙壤，屑粒状结构，土体疏松，润，多孔多根。

24～58 厘米，浅灰褐棕色，沙壤，碎块状结构，稍紧，中孔中根，湿度为润。

58～96 厘米，浅灰褐色，沙土，单粒-碎块状结构，土体稍紧，少孔少根。

96～150 厘米，灰棕色，沙土，单粒-碎块状结构，土体润，稍紧。

剖面通体有程度不同的盐酸反应。典型剖面理化性状分析结果见表 3-29。

表 3-29 典型剖面理化性状分析结果

深度（厘米）	有机质（克/千克）	全氮（克/千克）	全磷（克/千克）		pH	碳酸钙（%）	代换量（摩尔/百克土）	机械组成（%）	
			P	P₂O₅				>0.01 毫米	<0.01 毫米
1～24	1.7	0.16	0.48	1.10	8.05	7.22	9.38	88.4	11.6
24～58	1.6	0.16	0.42	0.96	8.05	6.19	9.64	88.4	11.6
58～96	2.0	0.18	0.51	1.17	8.25	6.49	5.22	91.6	8.4
96～150	1.1	0.09	0.63	1.44	8.2	6.04	2.30	98	2.0

表 3-29 说明，该土属土体松散，结构性差，多为单粒-碎块状结构，质地为沙壤-沙土，保水保肥性能差，养分含量极低，pH 在 8 左右。

（2）耕种冲积灰褐土：该土属是在黄河阶地上洪积-冲积母质淤积后经人为直接耕种熟化而成的农业土壤，其基本保持了冲积灰褐土的基本形态特征，面积 6 412 亩。一年一作或两年三作，根据其表层质地划分为沙壤质耕种冲积灰褐土、沙土质耕种冲积灰褐土 2 个土种。典型剖面理化性状分析结果见表 3-30。

表 3 - 30　典型剖面理化性状分析结果

土种名称	剖面所在地	深度（厘米）	有机质（克/千克）	全氮（克/千克）	全磷（克/千克）		pH	碳酸钙（%）	代换量（摩尔/百克土）	机械组成（%）				
					P	P₂O₅				0.1～0.05毫米	0.01～0.05毫米	0.005～0.01毫米	0.001～0.005毫米	<0.001毫米
沙壤质耕种冲积灰褐土	高家村镇寨滩村	0～15	7.1	0.44	0.60	1.37	7.9	7.33	7.99	54.0	30.8	3.4	5.7	6.1
		15～51	2.9	0.28	0.54	1.24	8.0	6.88	4.43	78.8	12.4	3.0	3.7	2.1
		51～107	1.5	0.12	0.58	1.33	7.8	5.39	3.35	93.2	4.0	1.4	1.28	0.12
		107～150	1.5	0.12	0.74	1.69	8.0	7.03	7.54	70.0	22.4	1.8	2.5	3.3
沙土质耕种冲积灰褐土	罗峪口镇东豆宇村	0～20	0.8	0.06	0.36	0.82	7.95	3.62	8.14	60.4	29.2	2.4	4.8	3.2
		20～56	10.0	0.66	0.84	1.92	8.2	5.70	2.17	95.6	4.0	0.38	0.02	0
		56～91	1.1	0.09	0.43	0.98	8.2	5.92	3.57	81.2	14.0	1.2	3.58	0.02
		91～150	1.5	0.15	0.41	0.94	8.15	4.21	3.82	75.2	19.2	1.6	3.2	0.8

耕种冲积灰褐土土属与冲积灰褐土土属之别，只是在于成土因素的多寡，后者受耕种熟化的影响，前者则不受或少受人为影响，因而养分含量较后者略高。

由于兴县灰褐土地段趋近于森林草原，为干旱草原和荒漠草原过渡的尾部地段，故受生物气候所控制，质地较粗，加之耕作历史较短，发育较差，因而兴县灰褐土亚类不具备其完整的形态特征。三弱（弱腐殖化、弱钙积化、弱黏化）现象的发育极不清晰。

8. 潮土类（原命名：草甸土类，亚类灰褐土化草甸土、浅色草甸土，原土种号 69、70、71、72、73、74、75、81、76、77、78、79、80、82、83 号，新土种号 93、95、94、101、104、105、98 号）

草甸土分布于蔚汾河、岚漪河、南川河两岸的河谷阶地上，总面积 39 714 亩，占全县总面积的 0.85%。是兴县的优良农业土壤。

草甸土成土母质为河流洪积-冲积物，所以受地下水和地表水影响较大，土壤剖面有如下特征。

第一，地下水位较高，草甸土形成在川谷地下水和地表水的汇集处，地下潜水和大气降水补充后注入河流。特别是汛期，河水大量渗漏，使河谷阶地上经常保持着较高的地下水位。

第二，草甸土受生物气候影响较小，是受地下水影响较大的一种半水成型隐域性土壤，地下水位深<4 米，具有其独特的成土过程和剖面特征。由于受耕种影响，地面上草甸植被破坏，仅残存于地埂、渠道和作物孔隙间，主要有芦苇、稗草、三棱草、大叶车前、旋覆花、天兰苜蓿等喜湿性杂草。

第三，在季节性干旱和降水过程中，地下水位上下移动，使土体经常处于氧化还原状态。土体中有明显的锈纹锈斑，表现形式为在季节性降雨时，土壤可溶性物质随水自上而下移动，在干旱季节蒸发强烈时，地下水则不断通过毛细管上升地面，土壤可溶性物质又随水而上，因而形成了草甸土独特的潴育化现象。

第四，兴县草甸土的成土母质为洪积-冲积物，土层厚度不等，质地差异较大，底部多为砂卵石层，土体有明显的冲积层次，成土过程尚属幼年阶段，由于水流的分选作用具有成层性和呈带状分布的规律。

兴县草甸土在成土过程中由于地形的影响和水文的变化，地下水对其影响的程度不同，据此划分为灰褐土化草甸土、浅色草甸土 2 个亚类。

（1）灰褐土化草甸土：该亚类土壤分布于河流两侧较高阶地上，成土母质为近代河流洪积-冲积物，层次十分明显，由于打井灌溉，加之河谷潜水本身大量渗漏，特别是近代河流下切作用强烈，地下水位急剧下降，为 2.5～4.0 米，使土壤开始脱离地下水影响，向灰褐土化方向发展。

根据其成土过程，该亚类划分为耕种灰褐草甸土、堆垫耕种灰褐草甸土 2 个土属。

①耕种灰褐草甸土。该土属面积 26 435 亩，占灰褐土化草甸土亚类面积的 98.18%。该土属所处地势平坦或微有倾斜，基本上不受侵蚀影响，根据其土层厚度、耕层质地和土体构型划分 7 个土种。

a. 轻壤质耕种灰褐草甸土　该土种面积 15 238 亩，占耕种灰褐草甸土面积的

57.64%。耕层质地为轻壤，土层较深厚，耕层容重 1.20 克/厘米^3。

　　b. 中层轻壤质耕种灰褐草甸土　该土种面积 2 104 亩，占耕种灰褐草甸土面积的 7.96%。耕层质地为轻壤，土层厚度 30～80 厘米，耕层容重 1.24 克/厘米^3。

　　c. 堆垫中层轻壤质耕种灰褐草甸土　该土种面积 3 184 亩，占耕种灰褐草甸土面积的 12%。是河流两侧卵石层上经人工堆垫而形成的土壤，堆垫层厚度<50 厘米，质地为轻壤，耕层容重 1.14 克/厘米^3。

　　d. 厚层轻壤质耕种灰褐草甸土　该土种面积 3 177 亩，占耕种灰褐草甸土面积的 12%。耕层质地为轻壤。土层厚度>80 厘米，底部为砂卵石层，耕性良好，耕层容重 1.12 克/厘米^3。

　　e. 深位中沙土层轻壤质耕种灰褐草甸土　该土种面积 1 625 亩，占耕种灰褐草甸土面积的 6.14%。耕层质地为轻壤，土体中部有厚沙土层出现，为水肥渗漏层。耕层容重 1.08 克/厘米^3。

　　f. 中层沙壤质耕种灰褐草甸土　该土种面积 788 亩，占耕种灰褐草甸土面积的 3%。表层质地为沙壤，土层厚度 30～80 厘米，以下为砂卵石，耕层容重 1.17 克/厘米^3。

　　g. 厚层沙壤质耕种灰褐草甸土　该土种面积 318 亩，占耕种灰褐草甸土面积的 1.26%。表层质地为沙壤，土层厚度>80 厘米，底部为砂卵石层，耕层容重 1.19 克/厘米^3。

　　该土属中部分土种理化性状分析结果见表 3-31。

表 3-31　理化性状分析结果

土种名称	地点	深度（厘米）	有机质（克/千克）	全氮（克/千克）	全磷（克/千克）		pH
					P	P$_2$O$_5$	
轻壤质耕种灰褐草甸土	蔡家崖镇石岭则村	0～24	13.1	0.75	0.73	1.67	7.9
		24～80	4.9	0.34	0.67	1.53	8.1
		80～125	3.5	0.27	0.55	1.26	8.05
		125～150	3.4	0.23	0.54	1.24	8.15
深位中沙土层轻壤质耕种灰褐草甸土	高家村镇张家湾村	0～20	4.1	0.34	0.56	1.28	8.2
		20～55	2.3	0.16	0.59	1.35	8.2
		55～89	1.7	0.08	0.54	1.24	8.3
		89～120	3.0	0.25	0.5	1.15	8.25
		120～150	1.2	0.06	0.48	1.10	8.3
厚层沙壤质耕种灰褐草甸土	康宁镇刘家庄村	0～18	3.0	0.25	0.60	1.37	8.0
		18～51	1.8	0.12	0.55	1.26	7.9
		51～88	1.5	0.15	0.55	1.26	8.0

　　从养分分析结果来看，养分含量自上而下逐渐降低，壤质土壤含量大于沙质土壤的含量。

　　②堆垫耕种灰褐草甸土。该土属是在河流两侧卵石层上经人工淤垫形成的一种幼龄土壤，堆垫层厚度>50 厘米，底部为砂卵石层。根据其土层厚度和表层质地，划分为中层

轻壤质堆垫耕种灰褐草甸土 1 个土种。

典型剖面采自高家村镇赵家川口村、海拔 750 米处，地形为河谷阶地，人工堆垫母质，地下水位 3.5 米，自然植被有灰菜、狗尾草等，耕层容重 1.09 克/厘米³。典型剖面形态特征如下：

0～11 厘米，浅灰棕褐色，轻壤偏沙，屑粒状结构，土体疏松，润，中孔多根。

11～34 厘米，浅灰棕褐色，轻壤偏沙，块状结构，土体较紧实，润，中孔中根。

34～56 厘米，浅灰棕色，轻壤偏沙，块状结构，土体较紧实，潮，中孔少根。

56～77 厘米，浅灰棕色，轻壤偏沙，碎块状结构，土体疏松，潮，中量孔隙。

77 厘米以下，砂卵石层。

典型剖面理化性状分析结果见表 3－32。

表 3－32　典型剖面理化性状分析结果

深度 （厘米）	有机质 （克/千克）	全氮 （克/千克）	全磷（克/千克）		pH
			P	P₂O₅	
0～11	2.8	0.25	0.53	1.21	8.2
11～34	5.9	0.41	0.64	1.47	8.2
34～56	3.2	0.219	0.64	1.47	8.3
56～77	2.5	0.18	0.6	1.37	8.3

堆垫耕种灰褐草甸土由于成土时间较短，熟化程度较短，耕层有机质含量较轻壤质耕种灰褐草甸土低 79%。故在农业生产上应重视土壤的培肥熟化，可发挥该类土壤的增产优势。

灰褐土化草甸土的形态特征可归纳为：土层厚薄不一，质地沙土-轻壤；耕层为屑粒状结构，心、底土层为碎块或块状结构；土壤含水量自上而下逐渐升高，湿度增大；土体上部灰褐土化过程较为明显，底部干湿交替，有的残存铁锈斑纹。

（2）浅色草甸土：该亚类土壤是在近代河流作用下，冲积沉积后新形成的一类土壤，地下水直接参与成土过程，地表有机质积累少，因而土壤颜色呈浅色。地下水位在 2.5 米以内。

在季风气候影响下，浅色草甸上的地下水升降变幅较大，干湿交替，土体经常处于氧化还原状态，使土壤发生了明显的层次变异，从而使该类型土壤具备了潴育化现象的诊断特征。

根据其利用方式和成土过程的不同，划分为耕种浅色草甸土、堆垫耕种浅色草甸土 2 个土属。

①耕种浅色草甸土。该土属面积 11 091 亩，占浅色草甸土亚类面积的 86.72%。该土属是在冲积母质上，直接受人为耕种熟化后的一种土壤，根据其表层质地和土体构型的差异，划分如下 5 个土种。

a. 轻壤质耕种浅色草甸土　该土种面积 2 476 亩，占耕种浅色草甸土面积的 22.32%，主要分布于魏家滩、瓦塘、城关镇。其特点是耕层呈灰褐棕色，轻壤质地，结构以屑粒状伴少量团粒结构，土体中下部颜色较淡，结构为碎块-块状，质地多为沙壤-轻壤，土体较紧实，湿润，锈纹锈斑隐约可见。典型剖面理化性状分析结果见表 3－33。

表3-33 城关镇西大队典型剖面理化性状分析结果

深度 （厘米）	有机质 （克/千克）	全氮 （克/千克）	全磷（克/千克）		pH
			P	P$_2$O$_5$	
0～17	19	0.94	1.34	3.07	8.2
17～53	11.8	0.64	1.36	3.11	8.2
53～80	4.1	0.28	0.73	1.67	8.3
80～135	2.6	0.17	0.63	1.44	7.8
135～150	2.4	0.11	0.6	1.37	7.8

b. 卵石体轻壤质耕种浅色草甸土 该土种面积190亩，占耕种浅色草甸土面积的1.71%。分布于蔡家崖镇张家圪垯村，海拔920米、河谷一级阶地上，洪积冲积母质，地下水位2米，自然植被有水稗、灰菜等。耕性适中，一年一作，耕层容重1.2克/厘米^3，含水量22%。典型剖面形态特征如下：

0～18厘米，灰褐棕色，轻壤，屑粒状结构，疏松，多孔，高湿，植物根系多量。

18～26厘米，灰棕色，轻壤，片状结构，紧实，中孔，土体湿，植物根系多量。

26～47厘米，褐灰棕色，轻壤，块状结构，土体稍紧，湿润，多孔多根。

47厘米以下，为卵石层。

通体盐酸反应强烈。典型剖面理化性状分析结果见表3-34。

表3-34 典型剖面理化性状分析结果

深度 （厘米）	有机质 （克/千克）	全氮 （克/千克）	全磷（克/千克）		pH
			P	P$_2$O$_5$	
0～18	6.3	0.42	0.58	1.33	8.0
18～26	3.3	0.33	0.55	1.26	8.0
26～47	9.0	0.56	0.56	1.28	8.0

c. 卵石体堆垫轻壤质耕种浅色草甸土 该土种面积2 295亩，占耕种浅色草甸土面积的20.69%。是人工在卵石层上经堆垫所形成的土壤，堆垫厚度<50厘米。分布于魏家滩镇、魏家滩村。其形态特征为：耕层浅灰褐棕色，轻壤质地，屑粒状结构；土层较薄，在50厘米内有厚卵石层出现；土体心、底土层均为碎块状结构，有不明显的铁锈斑纹。典型剖面理化性状分析结果见表3-35。

表3-35 典型剖面理化性状分析结果

深度 （厘米）	有机质 （克/千克）	全氮 （克/千克）	全磷（克/千克）		pH
			P	P$_2$O$_5$	
0～5	11.9	0.66	0.55	1.26	8.0
5～10	12.4	0.59	0.56	1.28	7.9
10～15	11.5	0.59	0.56	1.28	7.8
15～40	6.8	0.31	0.56	1.19	7.8

以上结果表明，堆垫轻壤质耕种浅色草甸土成土时间较短，但养分含量比相同厚度的非堆垫土壤高，说明人为因素对土壤的培肥熟化速度较快。

d. 卵石底轻壤质耕种浅色草甸土 该土种面积 3 506 亩，占耕种浅色草甸土面积的 31.61%，分布于瓦塘、魏家滩、恶虎滩等乡（镇）的河谷阶地上。典型剖面采自魏家滩镇九元坪村后坪，表层质地为轻壤，土体中部有明显的锈纹锈斑，85 厘米以下为卵石层。

e. 砂卵石底沙壤质耕种浅色草甸土 该土种面积 2 624 亩，占耕种浅色草甸土面积的 17.38%，分布于城关、瓦塘、蔡家崖等乡（镇）的河谷一级阶地上。典型剖面采自瓦塘镇前石门村、海拔 840 米处，洪积冲积母质。地下水位 1.2 米，自然植被有蒲公英、稗草等，容重 1.12 克/厘米³。典型剖面形态特征如下：

0～15 厘米，淡褐灰棕色，沙壤，屑粒状结构，土体疏松，润，中孔中根。

15～65 厘米，褐灰棕色，轻壤，碎块状结构，土体疏松，潮湿、少孔少根。

65～95 厘米，暗灰棕色，沙壤，碎块状结构，土体较紧实，湿，少孔少根，有多量铁锈斑纹。

95～120 厘米，暗灰棕色，沙壤，碎块状结构，土体疏松，湿，少孔少根，有少量铁锈斑纹。

120 厘米以下，为砂卵石。

典型剖面理化性状分析结果见表 3-36。

表 3-36 典型剖面理化性状分析结果

深度 （厘米）	有机质 （克/千克）	全氮 （克/千克）	全磷（克/千克）		pH	碳碳酸钙 （%）	代换量 （摩尔/百克土）
			P	P₂O₅			
0～5	2.7	0.12	0.47	1.08	8.0	7.00	6.7
5～10	4.1	0.27	0.46	1.05	8.15	7.63	9.4
10～15	3.9	0.25	0.46	1.05	8.2	8.00	8.6
15～65	4.4	0.19	0.44	1.01	8.2	7.26	9.1
65～95	2.6	0.15	0.49	1.12	8.2	7.6	7.8
95～120	2.2	0.15	0.54	1.24	8.3	7.18	5.6

②堆垫耕种浅色草甸土。该土属面积 1 698 亩，占浅色草甸土亚类面积的 13.28%。人工堆垫母质，堆垫层厚度>50 厘米。根据其耕层质地和卵石层出现的部位，只划分卵石底沙壤质堆垫耕种浅色草甸土 1 个土种。典型剖面采自瓦塘镇郑家塔村、海拔 850 米处。地下水位 2.4 米，自然植被有灰菜、狗尾草等，容重 1.26 克/厘米³，易耕，一年一作。典型剖面形态特征如下：

0～17 厘米，灰棕色，沙壤，屑粒状结构，土体松，润，多孔多根。

17～43 厘米，灰棕褐色，沙壤，碎块状结构，土体疏松，润，中孔中根。

43～63 厘米，浅棕褐色，沙壤偏轻壤，碎块状结构，土体稍紧实，潮湿，少孔少根。

63厘米以下,为卵石层。

典型剖面理化性状分析结果见表3-37。

表3-37 典型剖面理化性状分析结果

深度（厘米）	有机质（克/千克）	全氮（克/千克）	全磷（克/千克）		pH
			P	P$_2$O$_5$	
0~17	3.5	0.24	0.92	1.42	8.15
17~43	2.6	0.15	0.55	1.26	8.2
43~63	2.1	0.12	0.59	1.35	8.3

从以上典型剖面理化性状分析数据看出,浅色草甸土有机质含量为0.27%～1.9%,相差幅度较大。说明该类土壤管理培肥措施参差不齐,今后应加强该土壤的培肥熟化,水淤堆垫,加厚活土层,增施有机肥料,实行秸秆还田,大量施入人畜粪尿等农家肥,不断提高土壤有机质的含量。充分发挥堆垫耕种浅色草甸土地势平坦、不易流失肥土、水源条件充足、易灌易排便于耕作的地理优势,尽快把该类土壤建设成肥力较高、旱涝保收、稳产高产、高标准的基本农田。

兴县主要区域养分分布情况见表3-38。

表3-38 兴县主要区域养分分布情况

自然区域	地区	有机质（克/千克）		全氮（克/千克）		有效磷（毫克/千克）		速效钾（毫克/千克）	
		自然土	耕地	自然土	耕地	自然土	耕地	自然土	耕地
东部寒冷山地区	东会	13.9	6.9	0.8	0.4	2.53	9.07	141.2	158.63
	固贤	15.1	6.7	0.98	0.4	5.29	4.89	118.85	106.64
	交楼申	19.4	8.5	0.35	0.4	4.58	6.19	149.67	187.23
	恶虎滩	31.7	5.5	1.5	0.4	3.13	3.3	114.8	99.36
	木崖头	7.1	4.3	0.3	0.29	3.03	3.72	113.12	77.31
沿冷山丘半陵寒区	奥家滩	11.8	5.7	0.55	0.32	3.83	5.32	94.8	107.25
	肖家洼	35.8	5.2	2.75	0.4	3.96	4.47	288	104.34
	关家崖	5.2	6.4	0.55	0.5	3.1	5.09	94.8	124.96
西川、县川、南川、温暖谷区	瓦塘	7.3	3.94	0.46	0.27	2.9	3.61	134	78.51
	川口	7.6	4.3	0.48	0.36	1.67	2.85	111.7	109.2
	高家村	3.2	4.5	0.48	0.3	5.2	4.996	111.7	108.1
	蔡家崖	3.2	4.4	0.48	0.37	5.2	4.2	111.7	90.91
	城关	3.2	4.63	0.48	0.314	5.2	6.24	111.7	80.08
	康宁	3.2	4.4	0.48	0.31	5.2	3.91	111.7	107.3
	魏家滩	35.8	5.1	2.75	0.28	3.96	5.81	288	98

（续）

自然区域	地区	有机质（克/千克）		全氮（克/千克）		有效磷（毫克/千克）		速效钾（毫克/千克）	
		自然土	耕地	自然土	耕地	自然土	耕地	自然土	耕地
西部、西南部、温暖易旱区	杨家坡	7.1	3.6	4.8	0.33	3.8	3.44	111.7	87.5
	白家沟	3.2	3	4.8	0.33	2.2	3.64	111.7	98.6
	小善	3.2	4.5	4.8	0.42	2.2	3.29	111.7	105.2
	孟家坪	5.2	4.1	0.28	0.3	3.37	5.02	110.67	102.31
	赵家坪	6.2	5.1	0.45	0.4	3.26	4.94	92	137.63
	罗峪口	7.7	4.3	0.4	0.3	2.64	4.13	92.13	82.44
	贺家会	15.3	4.9	1.2	0.29	5.05	7.24	114.52	132.6
	蔡家会	8.2	4.9	0.4	0.229	3.77	4.73	101.78	94.25
	圪达上	3.5	3.7	0.28	0.24	4.2	3.96	103	89.9
平均值			4.91		0.34		4.75		107.01

第三节　有机质及大量元素

土壤大量元素背景值的表达方式以各统计单元养分汇总结果的算术平均值和标准差来表示，分别以单体 N、P、K 表示。单位：有机质、全氮用克/千克表示，有效磷、速效钾、缓效钾用毫克/千克表示。

一、含量与分布

土壤有机质、全氮、有效磷、速效钾等以《山西省耕地土壤养分含量分级参数表》为标准各分 6 个级别，见表 3-39。

表 3-39　山西省耕地地力土壤养分耕地标准

级别	一级	二级	三级	四级	五级	六级
有机质（克/千克）	＞25.00	20.01～25.00	15.01～20.01	10.01～15.01	5.01～10.01	≤5.01
全氮（克/千克）	＞1.50	1.201～1.50	1.001～1.201	0.701～1.001	0.501～0.701	≤0.501
有效磷（毫克/千克）	＞25.00	20.01～25.00	15.1～20.01	10.1～15.1	5.1～10.1	≤5.1
速效钾（毫克/千克）	＞250	201～250	151～201	101～151	51～101	≤51

（续）

级别	一级	二级	三级	四级	五级	六级
缓效钾 （毫克/千克）	>1200	901～1 200	601～901	351～601	151～351	≤151
阳离子代换量 （摩尔/百克土）	>20.00	15.01～20.00	12.01～15.01	10.01～12.01	8.01～10.01	≤8.01
有效铜 （毫克/千克）	>2.00	1.51～2.00	1.01～1.51	0.51～1.01	0.21～0.51	≤0.21
有效锰 （毫克/千克）	>30.00	20.01～30.00	15.01～20.01	5.01～15.01	1.01～5.01	≤1.01
有效锌 （毫克/千克）	>3.00	1.51～3.00	1.01～1.51	0.51～1.01	0.31～0.51	≤0.31
有效铁 （毫克/千克）	>20.00	15.01～20.00	10.01～15.01	5.01～10.01	2.51～5.01	≤2.51
有效硼 （毫克/千克）	>2.00	1.51～2.00	1.01～1.51	0.51～1.01	0.21～0.51	≤0.21
有效钼 （毫克/千克）	>0.30	0.26～0.30	0.21～0.26	0.16～0.21	0.11～0.16	≤0.11
有效硫 （毫克/千克）	>200.00	100.1～200.0	50.1～100.1	25.1～50.1	12.1～25.1	≤12.1
有效硅 （毫克/千克）	>250.0	200.1～250.0	150.1～200.1	100.1～150.1	50.1～100.1	≤50.1
交换性钙 （克/千克）	>15.00	10.01～15.00	5.01～10.1	1.01～5.01	0.51～1.01	≤0.51
交换性镁 （克/千克）	>1.00	0.76～1.00	0.51～0.75	0.31～0.50	0.06～0.30	≤0.05

（一）有机质

兴县耕地土壤有机质含量变化为 3.13～18.97 克/千克，平均值为 6.28 克/千克，属五级水平。见表 3-40。

1. 不同行政区划　东会乡最高，平均值为 11.02 克/千克；依次是高家村镇平均值为 9.3 克/千克，罗峪口镇平均值为 7.91 克/千克，蔡家会镇平均值为 7.72 克/千克，交楼申乡平均值为 7.33 克/千克，贺家会乡平均值为 7.13 克/千克，固贤乡平均值为 7.07 克/千克，赵家坪乡平均值为 6.79 克/千克，孟家坪乡平均值为 6.49 克/千克，恶虎滩乡平均值为 6.42 克/千克，圪达上乡平均值为 6.22 克/千克，奥家湾乡平均值为 5.84 克/千克，康宁镇平均值为 5.73 克/千克，蔚汾镇平均值为 5.52 克/千克，兴县国有农作物原种场平均值为 5.5 克/千克，蔡家崖乡平均值为 5.05 克/千克，魏家滩镇平均值为 5.04 克/千克；最低是瓦塘镇，平均值为 4.51 克/千克。

2. 不同地形部位　坡麓、坡腰最高，平均值为 11.09 克/千克；依次是河流阶地平均值为 7.19 克/千克，中部坡腰平均值为 6.28 克/千克，丘陵低山中、下部及坡麓平坦地平均值为 5.91 克/千克，沟谷、梁、峁、坡平均值为 5.8 克/千克，河流一级、二级阶地平均值为 5.75 克/千克，沟谷地平均值为 5.6 克/千克，黄土塬、梁平均值为 5.59 克/千克，山地、丘陵（中、下）部的缓坡地段，地面有一定的坡度平均值为 5.52 克/千克，中低山顶部平均值为 5.34 克/千克；最低是低山丘陵坡地，平均值为 4.44 克/千克。

3. 不同母质　冲积物最高，平均值为 6.34 克/千克；依次是黄土母质平均值为 6.31 克/千克，沙质黄土母质（物理黏粒含量＜30％）平均值为 5.34 克/千克，洪积物平均值为 5.24 克/千克，残积物平均值为 5.15 克/千克；最低是黏质黄土母质（物理黏粒含量＞45％），平均值为 4.58 克/千克。

4. 不同土壤类型　山地棕壤最高，平均值为 9.8 克/千克；其次是灰褐土，平均值为 6.28 克/千克；最低是草甸土，平均值为 5.46 克/千克。

（二）全氮

兴县耕地土壤全氮含量变化为 0.25～1.11 克/千克，平均值为 0.43 克/千克，属六级水平。见表 3-40。

1. 不同行政区划　东会乡最高，平均值为 0.69 克/千克；依次是交楼申乡平均值为 0.59 克/千克，恶虎滩乡平均值为 0.49 克/千克，固贤乡平均值为 0.47 克/千克，贺家会乡平均值为 0.47 克/千克，罗峪口镇平均值为 0.47 克/千克，奥家湾乡平均值为 0.44 克/千克，圪达上乡平均值为 0.44 克/千克，赵家坪乡平均值为 0.44 克/千克，蔡家会镇平均值为 0.44 克/千克，蔚汾镇平均值为 0.42 克/千克，孟家坪乡平均值为 0.42 克/千克，康宁镇平均值为 0.41 克/千克，魏家滩镇平均值为 0.38 克/千克，蔡家崖乡平均值为 0.37 克/千克，兴县国有农作物原种场平均值为 0.37 克/千克，高家村镇平均值为 0.37 克/千克；最低是瓦塘镇，平均值为 0.35 克/千克。

2. 不同地形部位　坡麓、坡腰最高，平均值为 0.69 克/千克；依次是河流阶地平均值为 0.52 克/千克，黄土塬、梁平均值为 0.45 克/千克，沟谷地平均值为 0.43 克/千克，中低山上、中部坡腰平均值为 0.43 克/千克，山地、丘陵（中、下）部的缓坡地段，地面有一定的坡度平均值为 0.42 克/千克，河流一级、二级阶地平均值为 0.40 克/千克，丘陵低山中、下部及坡麓平坦地平均值为 0.40 克/千克，中低山顶部平均值为 0.39 克/千克，沟谷、梁、坡平均值为 0.39 克/千克；最低是低山丘陵坡地，平均值为 0.35 克/千克。

3. 不同母质　冲积物最高，平均值为 0.45 克/千克；依次是黄土母质平均值为 0.43 克/千克，残积物平均值为 0.40 克/千克，洪积物平均值为 0.38 克/千克，沙质黄土母质（物理黏粒含量＜30％）平均值为 0.37 克/千克；最低是黏质黄土母质（物理黏粒含量＞45％），平均值为 0.33 克/千克。

4. 不同土壤类型　山地棕壤最高，平均值为 0.80 克/千克；其次是灰褐土，平均值为 0.43 克/千克；最低是草甸土，平均值为 0.40 克/千克。

（三）有效磷

兴县耕地土壤有效磷含量变化为 0.82～21.75 毫克/千克，平均值为 4.04 毫克/千克，属六级水平。见表 3-40。

1. 不同行政区划　东会乡最高，平均值为 5.90 毫克/千克；依次是蔡家会镇平均值为 5.75 毫克/千克，罗峪口镇平均值为 5.58 毫克/千克，贺家会乡平均值为 5.45 毫克/千克，圪垯上乡平均值为 4.85 毫克/千克，赵家坪乡平均值为 4.79 毫克/千克，孟家坪乡平均值为 4.47 毫克/千克，交楼申乡平均值为 4.31 毫克/千克，恶虎滩乡平均值为 4.02 毫克/千克，固贤乡平均值为 3.97 毫克/千克，康宁镇平均值为 3.45 毫克/千克，蔡家崖乡平均值为 3.40 毫克/千克，高家村镇平均值为 3.36 毫克/千克，蔚汾镇平均值为 3.06 毫克/千克，魏家滩镇平均值为 2.91 毫克/千克，兴县国有农作物原种场平均值为 2.91 毫克/千克，奥家湾乡平均值为 2.65 毫克/千克；最低是瓦塘镇，平均值为 2.44 毫克/千克。

2. 不同地形部位　坡麓、坡腰最高，平均值为 5.91 毫克/千克；依次是中低山上、中部坡腰平均值为 4.04 毫克/千克，河流阶地平均值为 4.00 毫克/千克，沟谷、梁、峁、坡平均值为 3.73 毫克/千克，丘陵低山中、下部及坡麓平坦地平均值为 3.70 毫克/千克，河流一级、二级阶地平均值为 3.5 毫克/千克，山地、丘陵（中、下）部的缓坡地段，地面有一定的坡度平均值为 3.18 毫克/千克，中低山顶部平均值为 3.15 毫克/千克，沟谷地平均值为 2.79 毫克/千克，黄土塬、梁平均值为 2.47 毫克/千克；最低是低山丘陵坡地，平均值为 2.39 毫克/千克。

3. 不同母质　冲积物最高，平均值为 4.09 毫克/千克；依次是黄土母质平均值为 4.07 毫克/千克，残积物平均值为 3.57 毫克/千克，洪积物平均值为 3.34 毫克/千克，沙质黄土母质（物理黏粒含量＜30%）平均值为 3.05 毫克/千克；最低是黏质黄土母质（物理黏粒含量＞45%），平均值为 1.69 毫克/千克。

4. 不同土壤类型　山地棕壤最高，平均值为 4.94 毫克/千克；其次是灰褐土，平均值为 4.04 毫克/千克；最低是草甸土，平均值为 3.79 毫克/千克。

（四）速效钾

兴县耕地土壤速效钾含量变化为 59.89～283.67 毫克/千克，平均值为 116.66 毫克/千克，属三级水平。见表 3-40。

1. 不同行政区划　东会乡最高，平均值为 176.14 毫克/千克；依次是罗峪口镇平均值为 151.67 毫克/千克，圪垯上乡平均值为 145.2 毫克/千克，贺家会乡平均值为 138.68 毫克/千克，固贤乡平均值为 136.62 毫克/千克，蔡家会镇平均值为 135.37 毫克/千克，孟家坪乡平均值为 135.09 毫克/千克，赵家坪乡平均值为 128.16 毫克/千克，交楼申乡平均值为 113.77 毫克/千克，康宁镇平均值为 107.55 毫克/千克，恶虎滩乡平均值为 104.44 毫克/千克，兴县国有农作物原种场平均值为 104.27 毫克/千克，奥家湾乡平均值为 102.48 毫克/千克，高家村镇平均值为 100.7 毫克/千克，蔚汾镇平均值为 97.19 毫克/千克，蔡家崖乡平均值为 93.7 毫克/千克，瓦塘镇平均值为 87.77 毫克/千克；最低是魏家滩镇，平均值为 87.16 毫克/千克。

2. 不同地形部位 坡麓、坡腰最高，平均值为 173.57 毫克/千克；依次是河流阶地平均值为 119.49 毫克/千克，中低山上、中部坡腰平均值为 116.66 毫克/千克，河流一级、二级阶地平均值为 108.79 毫克/千克，沟谷、梁、峁、坡平均值为 105.4 毫克/千克，中低山顶部平均值为 101.5 毫克/千克，丘陵低山中、下部及坡麓平坦地平均值为 101.45 毫克/千克，山地、丘陵（中、下）部的缓坡地段，地面有一定的坡度平均值为 99.15 毫克/千克，黄土塬、梁平均值为 99.1 毫克/千克，沟谷地平均值为 88.22 毫克/千克；最低是低山丘陵坡地，平均值为 81.83 毫克/千克。

3. 不同母质 黄土母质最高，平均值为 117.05 毫克/千克；依次是冲积物平均值为 116.64 毫克/千克，残积物平均值为 109.65 毫克/千克，洪积物平均值为 102.82 毫克/千克，沙质黄土母质（物理黏粒含量＜30%）平均值为 86.03 毫克/千克；最低是黏质黄土母质（物理黏粒含量＞45%），平均值为 84.78 毫克/千克。

4. 不同土壤类型 山地棕壤最高，平均值为 135.3 毫克/千克；其次是灰褐土，平均值为 116.69 毫克/千克；最低是草甸土，平均值为 97.95 毫克/千克。

（五）缓效钾

兴县耕地土壤缓效钾含量变化为 384.2～1 499.95 毫克/千克，平均值为 790.75 毫克/千克，属三级水平。见表 3－40。

1. 不同行政区划 东会乡最高，平均值为 983.78 毫克/千克；依次是交楼申乡平均值为 869.17 毫克/千克，蔡家会镇平均值为 849.2 毫克/千克，贺家会乡平均值为 839.44 毫克/千克，罗峪口镇平均值为 837.74 毫克/千克，赵家坪乡平均值为 820.68 毫克/千克，圪垯上乡平均值为 818.04 毫克/千克，孟家坪乡平均值为 813.34 毫克/千克，恶虎滩乡平均值为 791.35 毫克/千克，康宁镇平均值为 782.26 毫克/千克，固贤乡平均值为 771.56 毫克/千克，蔚汾镇平均值为 769.3 毫克/千克，奥家湾乡平均值为 768.66 毫克/千克，蔡家崖乡平均值为 746.47 毫克/千克，兴县国有农作物原种场平均值为 737.19 毫克/千克，高家村镇平均值为 723.59 毫克/千克，瓦塘镇平均值为 721.99 毫克/千克；最低是魏家滩镇，平均值为 713.98 毫克/千克。

2. 不同地形部位 坡麓、坡腰最高，平均值为 997.68 毫克/千克；依次是河流阶地平均值为 810.19 毫克/千克，中低山上、中部坡腰平均值为 790.75 毫克/千克，河流一级、二级阶地平均值为 771.63 毫克/千克，黄土塬、梁平均值为 760.44 毫克/千克，山地、丘陵（中、下）部的缓坡地段，地面有一定的坡度平均值为 759.89 毫克/千克，中低山顶部平均值为 746.55 毫克/千克，沟谷、梁、峁、坡平均值为 746.12 毫克/千克，低山丘陵坡地平均值为 742.04 毫克/千克，沟谷地平均值为 723.58 毫克/千克，最低是丘陵低山中、下部及坡麓平坦地，平均值为 723.16 毫克/千克。

3. 不同母质 黄土母质最高，平均值为 792.01 毫克/千克；依次是残积物平均值为 780.37 毫克/千克，冲积物平均值为 775.89 毫克/千克，沙质黄土母质（物理黏粒含量＜30%）平均值为 765.42 毫克/千克，黏质黄土母质（物理黏粒含量＞45%）平均值为 745.11 毫克/千克；最低是洪积物，平均值为 728.21 毫克/千克。

4. 不同土壤类型 山地棕壤平均值最高，为 1 010.62 毫克/千克；其次是灰褐土，平均值为 790.8 毫克/千克；最低是草甸土，平均值为 745.2 毫克/千克。

表3-40　兴县大田土壤大量元素分类统计结果

类别		有机质（克/千克）		全氮（克/千克）		有效磷（毫克/千克）		速效钾（毫克/千克）		缓效钾（毫克/千克）	
		平均值	区域值	平均值	区域值	平均值	区域值	平均值	区域值	平均值	区域值
行政区划	圪达上乡	6.22	4.45~11.99	0.44	0.35~0.58	4.85	3.13~12.74	145.2	99.10~273.87	818.04	660.79~980.72
	奥家湾乡	5.84	4.45~8.97	0.44	0.28~0.63	2.65	0.82~4.78	102.48	79.50~136.94	768.66	640.86~860.09
	高家村镇	9.3	3.46~5.22	0.37	0.28~0.58	3.36	1.15~11.75	100.7	59.89~183.67	723.59	600.00~840.16
	魏家滩镇	5.04	3.13~7.98	0.38	0.28~0.47	2.91	1.15~13.07	87.16	59.89~186.94	713.98	583.40~820.23
	瓦塘镇	4.51	3.13~7.65	0.35	0.27~0.50	2.44	1.15~9.72	87.77	63.16~157.63	721.99	620.93~800.30
	固贤乡	7.07	5.00~16.66	0.47	0.37~0.70	3.97	1.81~20.10	136.62	86.03~233.67	771.56	680.72~940.86
	蔚汾镇	5.52	3.46~8.31	0.42	0.33~0.60	3.06	0.82~12.08	97.19	69.70~143.47	769.3	680.72~860.09
	蔡家崖乡	5.05	3.13~6.99	0.37	0.30~0.53	3.4	1.15~15.43	93.7	72.96~180.40	746.47	660.79~860.09
	恶虎滩镇	6.42	4.12~9.96	0.49	0.45~0.75	4.02	1.81~9.06	104.44	76.23~190.20	791.35	740.51~860.09
	兴县国有农作物原种场	5.5	5.00~6.33	0.37	0.37~0.38	2.91	2.80~3.13	104.27	104.27	737.19	720.58~740.51
	交楼申乡	7.33	5.34~12.65	0.59	0.33~0.83	4.31	1.48~10.43	113.77	82.76~251.00	869.17	740.51~1 100.30
	康宁镇	5.73	3.46~8.64	0.41	0.33~0.60	3.45	0.82~8.40	107.55	79.50~164.07	782.26	680.72~940.86
	赵家坪乡	6.79	4.78~11.99	0.44	0.32~0.80	4.79	3.13~18.07	128.16	82.76~254.27	820.68	680.72~1 000.65
	孟家坪乡	6.49	4.45~12.65	0.42	0.25~0.63	4.47	2.14~11.42	135.09	86.03~257.53	813.34	660.79~1 100.30
	东会乡	11.02	5.00~18.97	0.69	0.35~1.11	5.9	2.80~14.39	176.14	99.10~283.67	983.78	550.20~1 499.95
	蔡家会镇	7.72	5.34~12.32	0.44	0.35~0.62	5.75	3.79~11.09	135.37	107.53~177.14	849.2	740.51~1 060.44
	罗峪口镇	7.91	5.34~17.65	0.47	0.37~0.72	5.58	3.13~21.75	151.67	89.30~270.60	837.74	384.20~1 220.93
	贺家会乡	7.13	4.12~10.67	0.47	0.28~0.70	5.45	2.80~16.09	138.68	99.10~217.34	839.44	700.65~1 160.09
地形部位	沟谷地	5.6	3.79~6.33	0.43	0.32~0.55	2.79	1.81~4.45	88.22	76.23~117.34	723.58	640.86~800.30
	丘陵低山中、下部及坡麓平坦地	5.91	4.12~7.65	0.4	0.30~0.50	3.7	2.14~5.76	101.45	79.50~123.87	723.16	680.72~800.30

（续）

类别		有机质（克/千克）		全氮（克/千克）		有效磷（毫克/千克）		速效钾（毫克/千克）		缓效钾（毫克/千克）	
		平均值	区域值	平均值	区域值	平均值	区域值	平均值	区域值	平均值	区域值
地形部位	中低山顶部	5.34	3.13~9.30	0.39	0.30~0.63	3.15	1.15~9.39	101.5	69.70~190.20	746.55	640.86~840.16
	沟谷、梁、峁、坡	5.8	3.79~7.32	0.39	0.35~0.48	3.73	2.14~8.40	105.4	79.50~133.67	746.12	660.79~840.16
	黄土塬、梁	5.59	5.34~5.67	0.45	0.45	2.47	2.47~3.13	99.1	99.1	760.44	760.44~780.37
	低山丘陵坡地	4.44	3.79~5.34	0.35	0.33~0.37	2.39	1.81~3.13	81.13	76.23~86.03	742.04	720.58~760.44
	中低山上、中部坡腰	6.28	3.13~18.97	0.43	0.25~1.11	4.04	0.82~21.75	116.66	59.89~283.67	790.75	384.20~1 499.95
	河流阶地	7.19	3.46~12.65	0.52	0.32~0.82	4	1.48~8.07	119.49	66.43~200	810.19	600~1 100
	山地、丘陵（中、下）部的缓坡地段、地面有一定的坡度	5.52	3.13~11.99	0.42	0.27~0.83	3.18	0.82~13.07	99.15	63.16~260.80	759.89	384.20~1 100.30
	河流一级、二级阶地、坡麓、坡腰	5.75	3.46~8.64	0.4	0.30~0.57	3.5	0.82~11.75	108.79	69.70~257.53	771.63	640.86~1 000.65
		11.09	5.00~18.97	0.69	0.35~1.11	5.91	2.80~14.39	173.57	99.10~283.67	997.68	550.20~1 499.95
土壤母质	黏质黄土母质（物理黏粒含量>45%）	4.58	3.13~5.67	0.33	0.32~0.37	1.69	1.15~2.47	84.78	86.23~120.60	745.11	700.65~780.37
	沙质黄土母质（物理黏粒含量<30%）	5.34	5.34	0.37	0.37~0.38	3.05	2.8~3.13	86.03	86.03	765.42	760.44~780.37
	冲积物	6.34	5.34~7.82	0.45	0.43~0.50	4.09	3.13~5.43	116.64	99.10~136.94	775.89	740.51~780.37
	残积物	5.15	4.78~5.34	0.4	0.38~0.40	3.57	2.80~4.78	109.65	89.30~120.60	780.37	740.51~800.30
	黄土母质	6.31	3.13~18.97	0.43	0.25~1.11	4.07	0.82~21.75	117.05	59.89~283.67	792.01	384.20~1 499.95
	洪积物	5.24	3.13~8.31	0.38	0.27~0.57	3.34	1.15~11.75	102.82	76.23~160.80	728.21	640.86~820.23
土壤类型	山地棕壤	9.8	9.63~9.96	0.8	0.78~0.82	4.94	4.45~5.43	135.3	127.14~143.47	1 010.62	1 000.65~1 020.58
	灰褐土	6.28	3.13~18.97	0.43	0.25~1.11	4.04	0.82~21.75	116.69	59.89~283.67	790.8	384.20~1 499.95
	草甸土	5.46	4.12~7.32	0.4	0.33~0.58	3.79	1.81~11.75	97.95	69.70~136.94	745.2	660.79~820.23

二、分级论述

（一）有机质

一级　全县无分布。

二级　全县无分布。

三级　有机质含量为 15.00～20.00 克/千克，面积为 1 246.19 亩，占总耕地面积的 0.11％。主要分布在东会乡、固贤乡、罗峪口镇，主要作物有马铃薯、玉米、杂粮和果树等。

四级　有机质含量为 10.00～15.00 克/千克，面积为 25 474.07 亩，占总耕地面积的 2.18％。主要分布在蔡家会镇、东会乡、圪达上乡、固贤乡、贺家会乡、交楼申乡、罗峪口镇、孟家坪乡、赵家坪乡，主要作物有马铃薯、玉米、杂粮和果树等。

五级　有机质含量为 5.00～10.00 克/千克，面积为 872 786.38 亩，占总耕地面积的 74.81％。主要分布在奥家湾乡、蔡家会镇、蔡家崖乡、东会乡、恶虎滩乡、高家村镇、圪达上乡、固贤乡、贺家会乡、交申乡、康宁镇、罗峪口镇、孟家坪乡、瓦塘镇、蔚汾镇、魏家滩镇、兴县国有农作物原种场、赵家坪乡，主要作物有玉米、大豆、谷子、杂粮和果树等。

六级　有机质含量小于等于 5.00 克/千克，面积为 267 094.69 亩，占总耕地面积的 22.90％。主要分布在奥家湾乡、蔡家崖乡、东会乡、恶虎滩乡、高家村镇、圪达上乡、固贤乡、贺家会乡、康宁镇、孟家坪乡、瓦塘镇、蔚汾镇、魏家滩镇、兴县国有农作物原种场、赵家坪乡，主要作物有玉米、谷子、杂粮等。

（二）全氮

一级　全县无分布。

二级　全县无分布。

三级　全氮含量为 1.00～1.20 克/千克，面积为 172.30 亩，占总耕地面积的 0.01％。主要分布在东会乡，主要作物有马铃薯、玉米、莜麦等。

四级　全氮含量为 0.70～1.00 克/千克，面积为 23 146.42 亩，占总耕地面积的 1.98％。主要分布在东会乡、恶虎滩乡、固贤乡、贺家会乡、交楼申乡、罗峪口镇、赵家坪乡，主要作物有马铃薯、玉米、大豆、杂粮等。

五级　全氮含量为 0.50～0.70 克/千克，面积为 99 631.90 亩，占总耕地面积的 8.54％。主要分布在奥家湾乡、蔡家会镇、蔡家崖乡、东会乡、恶虎滩乡、高家村镇、圪达上乡、固贤乡、贺家会乡、交楼申乡、康宁镇、罗峪口镇、孟家坪乡、蔚汾镇、赵家坪乡，主要作物有马铃薯、玉米、大豆、杂粮等。

六级　全氮含量小于等于 0.50 克/千克，面积为 1 043 650.71 亩，占总耕地面积的 89.46％。主要分布在奥家湾乡、蔡家会镇、蔡家崖乡、东会乡、恶虎滩乡、高家村镇、圪达上乡、固贤乡、贺家会乡、交楼申乡、康宁镇、罗峪口镇、孟家坪乡、瓦塘镇、蔚汾镇、魏家滩镇、兴县国有农作物原种场、赵家坪乡，主要作物有马铃薯、玉米、大豆、杂粮等。

（三）有效磷

一级　全县无分布。

二级　有效磷含量在 20.0～25.0 毫克/千克，面积为 72.68 亩，占耕地面积 0.01%。主要分布在固贤乡、罗峪口镇，主要作物有马铃薯、玉米、大豆、杂粮等。

三级　有效磷含量在 15.0～20.0 毫克/千克，面积为 163.09 亩，占耕地面积的 0.01%。主要分布在蔡家崖乡、固贤乡、贺家会乡、罗峪口镇、赵家坪乡，主要作物有马铃薯、玉米、大豆、杂粮等。

四级　有效磷含量在 10.0～15.0 毫克/千克，面积为 7 217.96 亩，占耕地面积 0.62%。主要分布在蔡家会镇、蔡家崖乡、东会乡、高家村镇、圪达上乡、固贤乡、贺家会乡、交楼申乡、罗峪口镇、孟家坪乡、蔚汾镇、魏家滩镇、赵家坪乡，主要作物有马铃薯、玉米、大豆、杂粮等。

五级　有效磷含量在 5.0～10.0 毫克/千克，面积为 226 329.66 亩，占耕地面积 19.40%。主要分布在蔡家会镇、蔡家崖乡、东会乡、恶虎滩乡、高家村镇、圪达上乡、固贤乡、贺家会乡、交楼申乡、康宁镇、罗峪口镇、孟家坪乡、瓦塘镇、蔚汾镇、魏家滩镇、赵家坪乡，主要作物有马铃薯、玉米、大豆、杂粮等。

六级　有效磷含量小于等于 5.0 毫克/千克，面积为 932 817.94 亩，占耕地面积 79.96%。主要分布在奥家湾乡、蔡家会镇、蔡家崖乡、东会乡、恶虎滩乡、高家村镇、圪达上乡、固贤乡、贺家会乡、交楼申乡、康宁镇、罗峪口镇、孟家坪乡、瓦塘镇、蔚汾镇、魏家滩镇、兴县国有农作物原种场、赵家坪乡，主要作物有马铃薯、玉米、大豆、杂粮等。

（四）速效钾

一级　速效钾含量大于 250 毫克/千克，面积为 1 213.85 亩，占耕地面积 0.10%。主要分布在东会乡、圪达上乡、交楼申乡、罗峪口镇、孟家坪乡、赵家坪乡，主要作物有马铃薯、玉米、大豆、杂粮等。

二级　速效钾含量在 200～250 毫克/千克，面积为 12 410.34 亩，占耕地面积 1.06%。主要分布在东会乡、圪达上乡、固贤乡、贺家会乡、交楼申乡、罗峪口镇、孟家坪乡、赵家坪乡，主要作物有马铃薯、玉米、大豆、杂粮等。

三级　速效钾含量在 150～200 毫克/千克，面积为 111 233.42 亩，占耕地面积 9.53%。主要分布在蔡家会镇、蔡家崖乡、东会乡、恶虎滩乡、高家村镇、圪达上乡、固贤乡、贺家会乡、交楼申乡、康宁镇、罗峪口镇、孟家坪乡、瓦塘镇、魏家滩镇、赵家坪乡，主要作物有马铃薯、玉米、大豆、杂粮等。

四级　速效钾含量在 100～150 毫克/千克，面积为 591 193.77 亩，占耕地面积 50.68%。主要分布在奥家湾乡、蔡家会镇、蔡家崖乡、东会乡、恶虎滩乡、高家村镇、圪达上乡、固贤乡、贺家会乡、交楼申乡、康宁镇、罗峪口镇、孟家坪乡、瓦塘镇、蔚汾镇、魏家滩镇、兴县国有农作物原种场、赵家坪乡，主要作物有马铃薯、玉米、大豆、杂粮等。

五级　速效钾含量在 50～100 毫克/千克，面积为 450 549.95 亩，占耕地面积 38.62%。主要分布在奥家湾乡、蔡家崖乡、东会乡、恶虎滩乡、高家村镇、圪达上乡、固贤乡、贺家会乡、交楼申乡、康宁镇、罗峪口镇、孟家坪乡、瓦塘镇、蔚汾镇、魏家滩镇、赵家坪乡，主要作物有马铃薯、玉米、大豆、杂粮等。

六级　全县无分布。

兴县耕地土壤大量元素分级面积见表3-41。

表3-41　兴县耕地土壤大量元素分级面积

类别		一级		二级		三级		四级		五级		六级	
		百分比（%）	面积（亩）	百分比（%）	面积（亩）	百分比（%）	面积（亩）	百分比（%）	面积（亩）	百分比（%）	面积（亩）	百分比（%）	面积（亩）
耕地土壤	有机质	0	0	0	0	0.11	1 246.19	2.18	25 474.07	74.81	872 786.38	22.90	267 094.69
	全氮	0	0	0	0	0.01	172.30	1.98	23 146.42	8.54	99 631.90	89.46	1 043 650.71
	有效磷	0	0	0.01	72.68	0.01	163.09	0.62	7 217.96	19.40	226 329.66	79.96	932 817.94
	速效钾	0.10	1 213.85	1.06	12 410.34	9.53	111 233.42	50.68	591 193.77	38.62	450 549.95	0	0

第四节　中量元素

中量元素背景值的表达方式以各统计单元养分汇总结果的算术平均值和标准差来表示。以单位体S表示，单位用毫克/千克表示。

由于有效硫目前全国范围内仅有酸性土壤临界值，而兴县土壤属石灰性土壤，没有临界值标准。因而只能根据养分含量的具体情况进行级别划分，分6个级别，见表3-39。

一、含量与分布

有效硫

兴县耕地土壤有效硫含量变化为7.70～86.53毫克/千克，平均值为19.44毫克/千克，属五级水平。见表3-42。

1. 不同行政区划　东会乡最高，平均值为25.04毫克/千克；依次是恶虎滩乡平均值为24.8毫克/千克，奥家湾乡平均值为24.03毫克/千克，兴县国有农作物原种场平均值为22.99毫克/千克，圪达上乡平均值为22.02毫克/千克，赵家坪乡平均值为21.78毫克/千克，贺家会乡平均值为21.56毫克/千克，罗峪口镇平均值为21.55毫克/千克，蔡家会镇平均值为20.79毫克/千克，康宁镇平均值为20.33毫克/千克，交楼申乡平均值为20.32毫克/千克，高家村镇平均值为20.26毫克/千克，蔚汾镇平均值为19.99毫克/千克，孟家坪乡平均值为19.87毫克/千克，瓦塘镇平均值为15.85毫克/千克，蔡家崖乡平均值为15.36毫克/千克，魏家滩镇平均值为14.91毫克/千克；最低是固贤乡，平均值为

14.51毫克/千克。

2. 不同地形部位 坡麓、坡腰最高，平均值为66.73毫克/千克；依次是黄土塬、梁平均值为23.28毫克/千克，河流一级、二级阶地平均值为23.27毫克/千克，河流阶地平均值为22.29毫克/千克，丘陵低山中、下部及坡麓平坦地平均值为21.56毫克/千克，沟谷、梁、峁、坡平均值为19.96毫克/千克，中低山上、中部坡腰平均值为19.44毫克/千克，山地、丘陵（中、下）部的缓坡地段，地面有一定的坡度平均值为19.16毫克/千克，沟谷地平均值为16.93毫克/千克，中低山顶部平均值为16.13毫克/千克；最低是低山丘陵坡地，平均值为15.87毫克/千克。

3. 不同母质 洪积物最高，平均值为21.02毫克/千克；依次是黄土母质平均值为19.43毫克/千克，残积物平均值为18.41毫克/千克，黏质黄土母质（物理黏粒含量＞45%）平均值16.33毫克/千克，沙质黄土母质（物理黏粒含量＜30%）平均值为15.86毫克/千克；最低是冲积物，平均值为13.8毫克/千克。

4. 不同土壤类型 草甸土最高，平均值为23.42毫克/千克；其次是山地棕壤，平均值为22.85毫克/千克；最低是灰褐土，平均值为19.43毫克/千克。

表 3-42 兴县耕地土壤中量元素分类统计结果

类别		有效硫（毫克/千克）	
		平均值	区域值
行政区划	圪达上乡	22.02	18.12~35.06
	奥家湾乡	24.03	16.40~41.70
	高家村镇	20.26	9.42~86.53
	魏家滩镇	14.91	9.42~41.70
	瓦塘镇	15.85	9.42~25.00
	固贤乡	14.51	7.70~30.08
	蔚汾镇	19.99	10.28~45.02
	蔡家崖乡	15.36	10.28~36.72
	恶虎滩乡	24.8	17.26~30.08
	兴县国有农作物原种场	22.99	21.56~24.14
	交楼申乡	20.32	14.68~26.76
	康宁镇	20.33	9.42~46.68
	赵家坪乡	21.78	11.14~60.08
	孟家坪乡	19.87	12.00~36.72
	东会乡	25.04	20.70~66.73
	蔡家会镇	20.79	18.12~28.42
	罗峪口镇	21.55	17.26~45.02
	贺家会乡	21.56	12.00~30.08

（续）

类别		有效硫（毫克/千克）	
		平均值	区域值
地形部位	沟谷地	16.93	10.28～43.36
	丘陵低山中、下部及坡麓平坦地	21.56	17.26～26.76
	中低山顶部	16.13	9.42～63.41
	沟谷、梁、峁、坡	19.96	9.42～33.40
	黄土塬、梁	23.28	23.28
	低山丘陵坡地	15.87	15.54～16.40
	中低山上、中部坡腰	19.44	7.70～86.53
	河流阶地	22.29	15.54～43.36
	山地、丘陵（中、下）部的缓坡地段，地面有一定的坡度	19.16	9.42～86.53
	河流一级、二级阶地	23.27	12.96～76.71
	坡麓、坡腰	66.73	20.70～66.73
土壤母质	黏质黄土母质（物理黏粒含量＞45%）	16.33	13.82～19.84
	沙质黄土母质（物理黏粒含量＜30%）	15.86	14.68～16.40
	冲积物	13.8	12.96～14.68
	残积物	18.41	17.26～20.70
	黄土母质	19.43	7.70～86.53
	洪积物	21.02	10.28～76.71
土壤类型	山地棕壤	22.85	22.42～23.28
	灰褐土	19.43	7.70～86.53
	草甸土	23.42	14.68～41.70

二、分级论述

有效硫

一级　全县无分布。

二级　全县无分布。

三级　有效硫含量为 50.0～100.0 毫克/千克，面积为 2 273.57 亩，占全县总耕地面积 0.19%。主要分布在东会乡、高家村镇、赵家坪乡，主要作物有马铃薯、玉米、大豆、杂粮等。

四级　有效硫含量在 25.0～50.0 毫克/千克，面积为 91 501.38 亩，占全县总耕地面积 7.84%。主要分布在奥家湾乡、蔡家会镇、蔡家崖乡、东会乡、恶虎滩乡、高家村镇、圪达上乡、固贤乡、贺家会乡、交楼申乡、康宁镇、罗峪口镇、孟家坪乡、蔚汾镇、魏家滩镇、赵家坪乡，主要作物有马铃薯、玉米、大豆、杂粮等。

　　五级　有效硫含量12.0～25.0毫克/千克，面积为1 015 045.73亩，占全县耕地面积的87.01%。主要分布在奥家湾乡、蔡家会镇、蔡家崖乡、东会乡、恶虎滩乡、高家村镇、圪达上乡、固贤乡、贺家会乡、交楼申乡、康宁镇、罗峪口镇、孟家坪乡、瓦塘镇、蔚汾镇、魏家滩镇、兴县国有农作物原种场、赵家坪乡，主要作物有马铃薯、玉米、大豆、杂粮等。

　　六级　有效硫含量小于等于12.0毫克/千克，面积为57 780.65亩，占全县耕地面积的4.95%。分布在蔡家崖乡、高家村镇、固贤乡、贺家会乡、康宁镇、孟家坪乡、瓦塘镇、蔚汾镇、魏家滩镇、赵家坪乡，主要作物有马铃薯、玉米、大豆、杂粮等作物。

　　兴县耕地土壤中量元素分级面积见表3-43。

表3-43　兴县耕地土壤中量元素分级面积

类别		一级		二级		三级		四级		五级		六级	
		百分比（%）	面积（亩）	百分比（%）	面积（亩）	百分比（%）	面积（亩）	百分比（%）	面积（亩）	百分比（%）	面积（亩）	百分比（%）	面积（亩）
耕地土壤	有效硫	0	0	0	0	0.19	2 273.57	7.84	91 501.38	87.01	1 015 045.73	4.95	57 780.65

第五节　微量元素

　　土壤微量元素背景值的表达方式以各统计单元养分汇总结果的算术平均值和标准差来表示，分别以单体Cu、Zn、Mn、Fe、B表示，单位用毫克/千克表示。

　　土壤微量元素参照全省第二次土壤普查的标准，结合兴县土壤养分含量状况重新进行划分，各分6个级别，见表3-39。

一、含量与分布

（一）有效铜

　　兴县耕地土壤有效铜含量变化为0.20～2.01毫克/千克，平均值为0.62毫克/千克，属四级水平。见表3-44。

　　1. 不同行政区划　东会乡最高，平均值为0.99毫克/千克；依次是兴县国有农作物原种场平均值为0.81毫克/千克，交楼申乡平均值为0.81毫克/千克，固贤乡平均值为0.79毫克/千克，恶虎滩乡平均值为0.74毫克/千克，奥家湾乡平均值为0.73毫克/千克，康宁镇平均值为0.73毫克/千克，蔚汾镇平均值为0.72毫克/千克，蔡家崖乡平均值为0.67毫克/千克，蔡家会镇平均值为0.59毫克/千克，圪达上乡平均值为0.57毫克/千克，孟家坪乡平均值为0.55毫克/千克，罗峪口镇平均值为0.53毫克/千克，魏家滩镇平均值为0.53毫克/千克，高家村镇平均值为0.49毫克/千克，瓦塘镇平均值为0.49毫克/千克，赵家坪乡平均值为0.48毫克/千克；最低是贺家会乡，平均值为0.48毫克/千克。

2. 不同地形部位　坡麓、坡腰最高，平均值为 0.87 毫克/千克；依次是黄土塬、梁平均值为 0.77 毫克/千克，沟谷、梁、峁、坡平均值为 0.74 毫克/千克，河流阶地平均值为 0.73 毫克/千克，丘陵低山中、下部及坡麓平坦地平均值为 0.72 毫克/千克，河流一级、二级阶地平均值为 0.66 毫克/千克，山地、丘陵（中、下）部的缓坡地段，地面有一定的坡度平均值为 0.64 毫克/千克，中低山上、中部坡腰平均值为 0.62 毫克/千克，沟谷地平均值为 0.59 毫克/千克，中低山顶部平均值为 0.59 毫克/千克；最低是低山丘陵坡地，平均值为 0.58 毫克/千克。

3. 不同母质　冲积物最高，平均值为 0.89 毫克/千克；依次是残积物平均值为 0.69 毫克/千克，沙质黄土母质（物理黏粒含量＜30％）平均值为 0.69 毫克/千克，黄土母质平均值 0.62 毫克/千克，洪积物平均值 0.56 毫克/千克；最低是黏质黄土母质（物理黏粒含量＞45％），平均值 0.49 毫克/千克。

4. 不同土壤类型　山地棕壤最高，平均值为 1.11 毫克/千克；其次是草甸土，平均值为 0.64 毫克/千克；最低是灰褐土，平均值为 0.62 毫克/千克。

（二）有效锌

兴县耕地土壤有效锌含量变化为 0.13～2.70 毫克/千克，平均值为 0.61 毫克/千克，属四级水平。见表 3-44。

1. 不同行政区划　东会乡最高，平均值为 1.07 毫克/千克；依次是交楼申乡平均值为 0.78 毫克/千克，瓦塘镇平均值为 0.77 毫克/千克，蔡家会镇平均值为 0.75 毫克/千克，罗峪口镇平均值为 0.73 毫克/千克，奥家湾乡平均值为 0.72 毫克/千克，恶虎滩乡平均值为 0.69 毫克/千克，赵家坪乡平均值为 0.68 毫克/千克，贺家会乡平均值为 0.67 毫克/千克，孟家坪乡平均值为 0.66 毫克/千克，高家村镇平均值为 0.62 毫克/千克，圪达上乡平均值为 0.6 毫克/千克，康宁镇平均值为 0.59 毫克/千克，蔡家崖乡平均值为 0.51 毫克/千克，蔚汾镇平均值为 0.47 毫克/千克，固贤乡平均值为 0.45 毫克/千克，兴县国有农作物原种场平均值为 0.41 毫克/千克；最低是魏家滩镇，平均值为 0.29 毫克/千克。

2. 不同地形部位　坡麓、坡腰最高，平均值为 1.08 毫克/千克；依次是黄土塬、梁平均值为 1.04 毫克/千克，河流阶地平均值为 0.70 毫克/千克，中低山上、中部坡腰平均值为 0.61 毫克/千克，沟谷、梁、峁、坡平均值为 0.60 毫克/千克，河流一级、二级阶地平均值为 0.59 毫克/千克，山地、丘陵（中、下）部的缓坡地段，地面有一定的坡度平均值为 0.55 毫克/千克，丘陵低山中、下部及坡麓平坦地平均值为 0.52 毫克/千克，中低山顶部平均值为 0.52 毫克/千克，低山丘陵坡地平均值为 0.50 毫克/千克；最低是沟谷地，平均值为 0.44 毫克/千克。

3. 不同母质　黏质黄土母质（物理黏粒含量＞45％）最高，平均值为 0.75 毫克/千克；依次是洪积物平均值为 0.63 毫克/千克，残积物平均值 0.61 毫克/千克，黄土母质平均值 0.60 毫克/千克，冲积物平均值 0.58 毫克/千克；最低是沙质黄土母质（物理黏粒含量＜30％），平均值 0.27 毫克/千克。

4. 不同土壤类型　山地棕壤最高，平均值为 1.42 毫克/千克；其次是灰褐土，平均值为 0.61 毫克/千克；最低是草甸土，平均值为 0.64 毫克/千克。

（三）有效锰

兴县耕地土壤有效锰含量变化为 2.16～15.11 毫克/千克，平均值为 5.58 毫克/千克，属四级水平。见表 3-44。

1. 不同行政区划 东会乡最高，平均值为 8.93 毫克/千克；依次是康宁镇平均值为 7.3 毫克/千克，交楼申乡平均值为 7.25 毫克/千克，兴县国有农作物原种场平均值为 7.01 毫克/千克，奥家湾乡平均值为 6.55 毫克/千克，恶虎滩乡平均值为 6.54 毫克/千克，罗峪口镇平均值为 6.18 毫克/千克，赵家坪乡平均值为 6.02 毫克/千克，蔡家会镇平均值为 5.91 毫克/千克，孟家坪乡平均值为 5.82 毫克/千克，固贤乡平均值为 5.73 毫克/千克，贺家会乡平均值为 5.69 毫克/千克，蔚汾镇平均值为 4.91 毫克/千克，圪达上乡平均值为 4.89 毫克/千克，蔡家崖乡平均值为 4.61 毫克/千克，高家村镇平均值为 4.22 毫克/千克，瓦塘镇平均值为 4.09 毫克/千克；最低是魏家滩镇，平均值为 3.96 毫克/千克。

2. 不同地形部位 坡麓、坡腰最高，平均值为 9.05 毫克/千克；依次是丘陵低山中、下部及坡麓平坦地平均值为 9.01 毫克/千克，沟谷、梁、峁、坡平均值为 7.13 毫克/千克，河流一级、二级阶地平均值为 6.58 毫克/千克，河流阶地平均值为 6.46 毫克/千克，黄土塬、梁平均值为 6.34 毫克/千克，中低山上、中部坡腰平均值为 5.58 毫克/千克，山地、丘陵（中、下）部的缓坡地段，地面有一定的坡度平均值为 5.44 毫克/千克，沟谷地平均值为 4.85 毫克/千克，中低山顶部平均值为 4.55 毫克/千克；最低是低山丘陵坡地，平均值为 4 毫克/千克。

3. 不同母质 冲积物最高，平均值为 6.51 毫克/千克；依次是残积物平均值为 6.27 毫克/千克，黄土母质平均值 5.6 毫克/千克，洪积物平均值 4.77 毫克/千克，黏质黄土母质（物理黏粒含量＞45%）平均值 4.47 毫克/千克；最低是沙质黄土母质（物理黏粒含量＜30%），平均值为 4.16 毫克/千克。

4. 不同土壤类型 山地棕壤最高，平均值为 9.68 毫克/千克；其次是灰褐土，平均值为 5.58 毫克/千克；最低是草甸土，平均值为 5.51 毫克/千克。

（四）有效铁

兴县耕地土壤有效铁含量变化为 1.88～14.00 毫克/千克，平均值为 4.24 毫克/千克，属五级水平。见表 3-44。

1. 不同行政区划 东会乡最高，平均值为 7.47 毫克/千克；依次是交楼申乡平均值为 5.6 毫克/千克，恶虎滩乡平均值为 5.32 毫克/千克，贺家会乡平均值为 4.91 毫克/千克，蔡家会镇平均值为 4.9 毫克/千克，赵家坪乡平均值为 4.73 毫克/千克，固贤乡平均值为 4.61 毫克/千克，奥家湾乡平均值为 4.59 毫克/千克，罗峪口镇平均值为 4.35 毫克/千克，康宁镇平均值为 4.25 毫克/千克，孟家坪乡平均值为 4.22 毫克/千克，圪达上乡平均值为 4.19 毫克/千克，兴县国有农作物原种场平均值为 4.17 毫克/千克，蔚汾镇平均值为 3.76 毫克/千克，瓦塘镇平均值为 3.56 毫克/千克，蔡家崖乡平均值为 3.31 毫克/千克，高家村镇平均值为 3.27 毫克/千克；最低是魏家滩镇，平均值为 3.21 毫克/千克。

2. 不同地形部位 坡麓、坡腰最高，平均值为 7.56 毫克/千克；依次是河流阶地平均值为 4.98 毫克/千克，沟谷、梁、峁、坡平均值为 4.41 毫克/千克，中低山上、中部坡腰平均值为 4.24 毫克/千克，黄土塬、梁平均值为 4.17 毫克/千克，河流一级、二级阶地平均值为 4.11 毫克/千克，丘陵低山中、下部及坡麓平坦地平均值为 4.07 毫克/千克，山地、丘陵（中、下）部的缓坡地段，地面有一定的坡度平均值为 3.92 毫克/千克，低山丘陵坡地平均值为 3.84 毫克/千克，沟谷地平均值为 3.51 毫克/千克；最低是中低山顶部，平均值为 3.36 毫克/千克。

3. 不同母质　冲积物最高，平均值为 4.97 毫克/千克；依次是残积物平均值为 4.39 毫克/千克，黄土母质平均值 4.26 毫克/千克，沙质黄土母质（物理黏粒含量<30%）平均值为 3.65 毫克/千克，洪积物平均值 3.59 毫克/千克；最低是黏质黄土母质（物理黏粒含量>45%），平均值 3.35 毫克/千克。

4. 不同土壤类型　山地棕壤最高，平均值为 8.5 毫克/千克；其次是灰褐土，平均值为 4.24 毫克/千克；最低是草甸土，平均值为 3.87 毫克/千克。

（五）有效硼

兴县耕地土壤有效硼含量变化为 0.08~1.43 毫克/千克，平均值为 0.33 毫克/千克，属五级水平。见表 3-44。

1. 不同行政区划　东会乡最高，平均值为 0.59 毫克/千克；依次是蔡家会镇平均值为 0.54 毫克/千克，罗峪口镇平均值为 0.54 毫克/千克，贺家会乡平均值为 0.52 毫克/千克，圪达上乡平均值为 0.5 毫克/千克，赵家坪乡平均值为 0.49 毫克/千克，孟家坪乡平均值为 0.47 毫克/千克，交楼申乡平均值为 0.35 毫克/千克，奥家湾乡平均值为 0.24 毫克/千克，高家村镇平均值为 0.24 毫克/千克，魏家滩镇平均值为 0.24 毫克/千克，瓦塘镇平均值为 0.22 毫克/千克，固贤乡平均值为 0.18 毫克/千克，康宁镇平均值为 0.18 毫克/千克，蔚汾镇平均值为 0.18 毫克/千克，蔡家崖乡平均值为 0.18 毫克/千克，恶虎滩乡平均值为 0.17 毫克/千克；最低是兴县国有农作物原种场，平均值为 0.14 毫克/千克。

2. 不同地形部位　坡麓、坡腰最高，平均值为 0.59 毫克/千克；依次是中低山上、中部坡腰平均值为 0.33 毫克/千克，河流阶地平均值为 0.29 毫克/千克，沟谷地平均值为 0.29 毫克/千克，丘陵低山中、下部及坡麓平坦地平均值为 0.26 毫克/千克，山地、丘陵（中、下）部的缓坡地段，地面有一定的坡度平均值为 0.23 毫克/千克，中低山顶部平均值为 0.20 毫克/千克，河流一级、二级阶地平均值为 0.18 毫克/千克，沟谷、梁、峁、坡平均值为 0.17 毫克/千克，黄土塬、梁平均值为 0.17 毫克/千克；最低是低山丘陵坡地，平均值为 0.14 毫克/千克。

3. 不同母质　黄土母质最高，平均值为 0.33 毫克/千克；依次是洪积物平均值 0.23 毫克/千克，沙质黄土母质（物理黏粒含量<30%）平均值为 0.21 毫克/千克，黏质黄土母质（物理黏粒含量>45%）平均值 0.21 毫克/千克，冲积物平均值为 0.18 毫克/千克；最低是残积物，平均值 0.18 毫克/千克。

4. 不同土壤类型　山地棕壤最高，平均值为 0.62 毫克/千克；其次是灰褐土，平均值为 0.33 毫克/千克；最低是草甸土，平均值为 0.21 毫克/千克。

（六）有效钼

兴县耕地土壤有效钼含量变化为 0.03~0.34 毫克/千克，平均值为 0.08 毫克/千克，属六级水平。见表 3-44。

表 3-44 兴县耕地土壤微量元素分类统计结果

单位：毫克/千克

	类别	有效铜		有效锰		有效锌		有效铁		有效硼		有效钼	
		平均值	区域值	平均值	区域值	平均值	区域值	平均值	区域值	平均值	区域值	平均值	区域值
行政区划	圪垯上乡	0.57	0.33~1.17	4.89	2.68~9.68	0.6	0.39~1.17	4.19	2.84~6.34	0.5	0.38~0.74	0.09	0.04~0.34
	奥家湾乡	0.73	0.42~1.17	6.55	4.23~9.01	0.72	0.41~1.08	4.59	3.17~9.33	0.24	0.08~1.43	0.09	0.07~0.11
	高家村镇	0.49	0.38~0.71	4.22	2.94~6.34	0.62	0.27~2.01	3.27	2.11~4.83	0.24	0.15~0.51	0.09	0.06~0.11
	魏家滩镇	0.53	0.40~0.74	3.96	2.42~7.68	0.29	0.13~1.17	3.21	1.89~5.68	0.24	0.12~0.97	0.09	0.06~0.12
	瓦塘镇	0.49	0.35~0.84	4.09	2.94~7.68	0.77	0.16~1.81	3.56	2.50~5.00	0.22	0.10~1.00	0.09	0.07~0.11
	固贤乡	0.79	0.20~1.17	5.73	3.97~10.35	0.45	0.13~1.04	4.61	3.34~14.00	0.18	0.10~0.54	0.09	0.06~0.10
	蔚汾镇	0.72	0.46~1.64	4.91	3.71~8.35	0.47	0.20~1.30	3.76	2.68~5.68	0.18	0.08~0.54	0.09	0.07~0.10
	蔡家崖乡	0.67	0.38~1.77	4.61	2.68~8.35	0.51	0.16~1.40	3.31	2.17~5.34	0.18	0.10~0.36	0.09	0.07~0.11
	恶虎滩乡	0.74	0.58~0.87	6.54	4.74~7.68	0.69	0.39~0.84	5.32	4.67~7.01	0.17	0.10~0.25	0.09	0.08~0.09
	兴县国有农作物原种场	0.81	0.80~0.84	7.01	7.01	0.41	0.40~0.41	4.17	4.17	0.14	0.13~0.15	0.09	0.09
	交楼申乡	0.81	0.67~1.04	7.25	5.68~9.68	0.78	0.36~1.37	5.6	4.34~8.34	0.35	0.13~0.61	0.08	0.07~0.10
	康宁镇	0.73	0.46~1.08	7.3	3.71~10.35	0.59	0.28~1.00	4.25	2.68~7.01	0.18	0.08~0.67	0.08	0.06~0.11
	赵家坪乡	0.48	0.29~1.00	6.02	2.94~12.35	0.68	0.40~1.14	4.73	3.17~9.67	0.49	0.23~0.71	0.07	0.04~0.10
	孟家坪乡	0.55	0.25~1.14	5.82	2.94~9.01	0.66	0.25~1.24	4.22	2.84~6.34	0.47	0.13~1.14	0.07	0.04~0.10
	东会乡	0.99	0.50~2.01	8.93	3.71~15.11	1.07	0.41~2.70	7.47	4.17~12.34	0.59	0.40~0.84	0.06	0.03~0.09
	蔡家会镇	0.59	0.31~1.24	5.91	2.16~11.01	0.75	0.45~1.04	4.9	3.17~8.34	0.54	0.40~0.80	0.06	0.04~0.09
	罗峪口镇	0.53	0.33~1.00	6.18	3.45~11.01	0.73	0.40~1.47	4.35	3.17~8.34	0.54	0.44~0.74	0.06	0.03~0.08
	贺家会乡	0.48	0.31~1.08	5.69	2.42~11.01	0.67	0.28~1.04	4.91	3.34~7.01	0.52	0.35~0.84	0.06	0.03~0.09
地形部位	沟谷地	0.59	0.38~0.84	4.85	3.71~7.01	0.44	0.21~2.01	3.51	2.84~4.17	0.29	0.13~1.24	0.09	0.08~0.11
	丘陵低山中、下部及坡麓平坦地	0.72	0.50~0.84	9.01	6.34~5.68	0.52	0.40~0.74	4.07	3.67~5.68	0.26	0.13~0.61	0.09	0.07~0.08
	中低山顶部	0.59	0.25~1.77	4.55	2.94~8.35	0.52	0.13~1.40	3.36	2.33~5.34	0.2	0.10~0.54	0.09	0.07~0.11

（续）

	类别	有效铜 平均值	有效铜 区域值	有效锰 平均值	有效锰 区域值	有效锌 平均值	有效锌 区域值	有效铁 平均值	有效铁 区域值	有效硼 平均值	有效硼 区域值	有效钼 平均值	有效钼 区域值
地形部位	沟谷、梁、峁、坡	0.74	0.44~0.87	7.13	3.71~8.35	0.6	0.42~0.90	4.41	3.34~5.00	0.17	0.08~0.33	0.09	0.08~0.10
	黄土塬、梁	0.77	0.77	6.34	6.34	1.04	1.04	4.17	4.17	0.17	0.17	0.09	0.09
	低山丘陵坡地	0.58	0.54~0.61	4	3.45~4.48	0.5	0.41~0.64	3.84	3.67~4.00	0.14	0.13~0.15	0.09	0.09
	中低山上、中部坡腰	0.62	0.20~2.01	5.58	2.16~15.11	0.61	0.13~2.70	4.24	1.89~14.00	0.33	0.08~1.43	0.08	0.03~0.34
	河流阶地	0.73	0.40~0.93	6.46	3.19~9.01	0.7	0.20~1.14	4.98	2.68~8.00	0.29	0.15~0.67	0.08	0.06~0.11
	山地、丘陵（中、下）部的缓坡地段、地面有一定的坡度	0.64	0.35~1.54	5.44	2.68~10.35	0.55	0.13~1.81	3.92	1.89~8.34	0.23	0.08~1.43	0.08	0.06~0.12
	河流一级、二级阶地	0.66	0.38~0.87	6.58	3.94~9.01	0.59	0.28~1.61	4.11	2.28~6.34	0.18	0.10~0.67	0.08	0.06~0.10
	坡麓、坡腰	0.87	0.50~2.01	9.05	3.71~15.11	1.08	0.41~2.70	7.56	4.17~12.34	0.59	0.40~0.84	0.06	0.03~0.09
土壤母质	黏质黄土母质（物理黏粒含量>45%）	0.49	0.42~0.61	4.47	3.71~5.00	0.75	0.54~1.04	3.35	3.01~3.51	0.21	0.17~0.23	0.1	0.09~0.11
	沙质黄土母质（物理黏粒含量<30%）	0.69	0.67~0.74	4.16	3.97~4.23	0.27	0.27~0.31	3.65	3.51~3.84	0.21	0.20~0.23	0.09	0.09~0.09
	冲积物	0.89	0.77~1.01	6.51	4.48~10.35	0.58	0.42~0.84	4.97	4.17~6.67	0.18	0.13~0.21	0.09	0.08~0.10
	残积物	0.69	0.64~0.89	6.27	5.68~7.01	0.61	0.54~0.80	4.39	4.00~4.50	0.18	0.15~0.23	0.09	0.09
	黄土母质	0.62	0.20~2.01	5.6	2.16~15.11	0.6	0.13~2.70	4.26	1.89~14.00	0.33	0.08~1.43	0.08	0.03~0.34
	洪积物	0.56	0.38~0.84	4.77	2.94~9.01	0.63	0.18~2.01	3.59	2.28~4.83	0.23	0.10~0.93	0.08	0.06~0.11
土壤类型	山地棕壤	1.11	1.11	9.68	9.68	1.42	1.40~1.43	8.5	8.34~8.67	0.62	0.61~0.64	0.07	0.06~0.07
	灰褐土	0.62	0.20~2.01	5.58	2.16~15.11	0.61	0.13~2.70	4.24	1.89~14.00	0.33	0.08~1.43	0.08	0.03~0.34
	草甸土	0.64	0.42~1.14	5.51	3.71~9.01	0.64	0.23~1.08	3.87	2.84~2.68	0.21	0.10~0.35	0.09	0.06~0.10

1. 不同行政区划 圪达上乡最高，平均值为 0.09 毫克/千克；依次是奥家湾乡平均值为 0.09 毫克/千克，高家村镇平均值为 0.09 毫克/千克，魏家滩镇平均值为 0.09 毫克/千克，瓦塘镇平均值为 0.09 毫克/千克，固贤乡平均值为 0.09 毫克/千克，蔚汾镇平均值为 0.09 毫克/千克，蔡家崖乡平均值为 0.09 毫克/千克，恶虎滩乡平均值为 0.09 毫克/千克，兴县国有农作物原种场平均值为 0.09 毫克/千克，交楼申乡平均值为 0.08 毫克/千克，康宁镇平均值为 0.08 毫克/千克，赵家坪乡平均值为 0.07 毫克/千克，孟家坪乡平均值为 0.07 毫克/千克，东会乡平均值为 0.06 毫克/千克，蔡家会镇平均值为 0.06 毫克/千克，罗峪口镇平均值为 0.06 毫克/千克；最低是贺家会乡，平均值为 0.06 毫克/千克。

2. 不同地形部位 沟谷地最高，平均值为 0.09 毫克/千克；依次是丘陵低山中、下部及坡麓平坦地平均值为 0.09 毫克/千克，中低山顶部平均值为 0.09 毫克/千克，沟谷、梁、峁、坡平均值为 0.09 毫克/千克，黄土塬、梁平均值为 0.09 毫克/千克，低山丘陵坡地平均值为 0.09 毫克/千克，中低山上、中部坡腰平均值为 0.08 毫克/千克，河流阶地平均值为 0.08 毫克/千克，山地、丘陵（中、下）部的缓坡地段，地面有一定的坡度平均值为 0.08 毫克/千克，河流一级、二级阶地平均值为 0.08 毫克/千克；最低是坡麓、坡腰，平均值为 0.06 毫克/千克。

3. 不同母质 黏质黄土母质（物理黏粒含量＞45％）最高，平均值为 0.1 毫克/千克；依次是沙质黄土母质（物理黏粒含量＜30％）平均值为 0.09 毫克/千克，冲积物平均值为 0.09 毫克/千克，残积物平均值 0.09 毫克/千克，黄土母质平均值 0.08 毫克/千克；最低是洪积物，平均值 0.08 毫克/千克。

4. 不同土壤类型 草甸土最高，平均值为 0.09 毫克/千克；其次是灰褐土，平均值为 0.08 毫克/千克；最低是山地棕壤，平均值为 0.07 毫克/千克。

二、分级论述

（一）有效铜

一级　有效铜含量大于 2.00 毫克/千克，面积为 9.37 亩，占全县耕地总面积的 0.000 8％。主要分布在东会乡，主要作物有马铃薯、玉米、大豆、杂粮等。

二级　有效铜含量在 1.50～2.00 毫克/千克，面积为 1 187.42 亩，占全县耕地总面积的 0.10％。分布在蔡家崖乡、东会乡、蔚汾镇，主要作物有马铃薯、玉米、大豆、杂粮等。

三级　有效铜含量在 1.00～1.50 毫克/千克，面积为 26 824.31 亩，占全县耕地总面积的 2.30％。分布在奥家湾乡、蔡家会镇、蔡家崖乡、东会乡、圪达上乡、固贤乡、贺家会乡、交楼申乡、康宁镇、孟家坪乡、蔚汾镇，主要作物有马铃薯、玉米、大豆、杂粮等。

四级　有效铜含量在 0.50～1.00 毫克/千克，面积为 785 954.26 亩，占全县耕地面积 67.37％。主要分布在奥家湾乡、蔡家会镇、蔡家崖乡、东会乡、恶虎滩乡、高家村镇、圪达上乡、固贤乡、贺家会乡、交楼申乡、康宁镇、罗峪口镇、孟家坪乡、瓦塘镇、蔚汾镇、魏家滩镇、兴县国有农作物原种场、赵家坪乡，主要作物有马铃薯、玉米、大豆、杂粮等。

五级　有效铜含量在0.20～0.50毫克/千克，面积为352 475.85亩，占全县耕地面积30.21%。主要分布在奥家湾乡、蔡家会镇、蔡家崖乡、东会乡、高家村镇、圪达上乡、固贤乡、贺家会乡、康宁镇、罗峪口镇、孟家坪乡、瓦塘镇、蔚汾镇、魏家滩镇、赵家坪乡，主要作物有马铃薯、玉米、大豆、杂粮等。

六级　有效铜含量小于等于0.20毫克/千克，面积150.12亩，占全县耕地面积0.01%。主要分布在固贤乡，主要作物有马铃薯、玉米、大豆、杂粮等。

（二）有效锰

一级　全县无分布。

二级　全县无分布。

三级　有效锰含量在15.00～20.00毫克/千克，面积为27.46亩，占总耕地面积的0.002%。主要分布在东会乡，主要作物有马铃薯、玉米、大豆、杂粮等。

四级　有效锰含量在5.00～15.00毫克/千克，面积为614 197.55亩，占总耕地面积的52.65%。主要分布在奥家湾乡、蔡家会镇、蔡家崖乡、东会乡、恶虎滩乡、高家村镇、圪达上乡、固贤乡、贺家会乡、交楼申乡、康宁镇、罗峪口镇、孟家坪乡、瓦塘镇、蔚汾镇、魏家滩镇、兴县国有农作物原种场、赵家坪乡，主要作物有马铃薯、玉米、大豆、杂粮等。

五级　有效锰含量在1.00～5.00毫克/千克，面积为552 376.32亩，占耕地面积47.35%。主要分布在奥家湾乡、蔡家会镇、蔡家崖乡、东会乡、恶虎滩乡、高家村镇、圪达上乡、固贤乡、贺家会乡、康宁镇、罗峪口镇、孟家坪乡、瓦塘镇、蔚汾镇、魏家滩镇、赵家坪乡，主要作物有马铃薯、玉米、大豆、杂粮等。

六级　全县无分布。

（三）有效锌

一级　全县无分布。

二级　有效锌含量在1.50～3.00毫克/千克，面积为9 519.12亩，占总耕面积的0.82%。主要分布在东会乡、高家村镇、瓦塘镇，主要作物有马铃薯、玉米、大豆、杂粮等。

三级　有效锌含量在1.00～1.50毫克/千克，面积为46 092.03亩，占总耕地面积的3.95%。主要分布在奥家湾乡、蔡家会镇、蔡家崖乡、东会乡、高家村镇、圪达上乡、固贤乡、贺家会乡、交楼申乡、罗峪口镇、孟家坪乡、瓦塘镇、蔚汾镇、魏家滩镇、赵家坪乡，主要作物有马铃薯、玉米、大豆、杂粮等。

四级　有效锌含量在0.50～1.00毫克/千克，面积为739 410.53亩，占总面积面积的63.38%。主要分布在奥家湾乡、蔡家会镇、蔡家崖乡、东会乡、恶虎滩乡、高家村镇、圪达上乡、固贤乡、贺家会乡、交楼申乡、康宁镇、罗峪口镇、孟家坪乡、瓦塘镇、蔚汾镇、魏家滩镇、赵家坪乡，主要作物有马铃薯、玉米、大豆、杂粮等。

五级　有效锌含量在0.30～0.50毫克/千克，面积为243 233.37亩，占总耕地面积的20.85%。分布在奥家湾乡、蔡家会镇、蔡家崖乡、东会乡、恶虎滩乡、高家村镇、圪达上乡、固贤乡、贺家会乡、交楼申乡、康宁镇、罗峪口镇、孟家坪乡、瓦塘镇、蔚汾镇、魏家滩镇、兴县国有农作物原种场、赵家坪乡，主要作物有马铃薯、玉米、大豆、杂粮等。

六级 有效锌含量小于等于 0.30 毫克/千克，面积为 128 346.28 亩，占总耕地面积 11.00%。主要分布在蔡家崖乡、高家村镇、固贤乡、贺家会乡、康宁镇、孟家坪乡、瓦塘镇、蔚汾镇、魏家滩镇，主要作物有马铃薯、玉米、大豆、杂粮等。

（四）有效铁

一级 全县无分布。

二级 全县无分布。

三级 有效铁含量在 10.00～15.00 毫克/千克，面积为 2 667.32 亩，占全县总耕地面积的 0.23%。分布在东会乡、固贤乡，主要作物有马铃薯、玉米、大豆、杂粮等。

四级 有效铁含量在 5.00～10.00 毫克/千克，面积为 163 710.81 亩，占全县总耕地面积的 14.03%。主要分布奥家湾乡、蔡家会镇、蔡家崖乡、东会乡、恶虎滩乡、圪达上乡、固贤乡、贺家会乡、交楼申乡、康宁镇、罗峪口镇、孟家坪乡、蔚汾镇、魏家滩镇、赵家坪乡，主要作物有马铃薯、玉米、大豆、杂粮等。

五级 有效铁含量在 2.50～5.00 毫克/千克，面积为 995 209.00 亩，占耕地总面积的 85.31%。主要分布在奥家湾乡、蔡家会镇、蔡家崖乡、东会乡、恶虎滩乡、高家村镇、圪达上乡、固贤乡、贺家会乡、交楼申乡、康宁镇、罗峪口镇、孟家坪乡、瓦塘镇、蔚汾镇、魏家滩镇、兴县国有农作物原种场、赵家坪乡，主要作物有马铃薯、玉米、大豆、杂粮等。

六级 有效铁含量小于等于 2.50 毫克/千克，面积为 5 014.20 亩，占总耕地面积的 0.43%。主要分布蔡家崖乡、高家村镇、瓦塘镇、魏家滩镇。

（五）有效硼

一级 全县无分布。

二级 全县无分布。

三级 有效硼含量在 1.00～1.50 毫克/千克，面积为 696.47 亩，占全县总耕地面积 0.06%。主要分布在奥家湾乡、孟家坪乡，主要作物有马铃薯、玉米、大豆、杂粮等。

四级 有效硼含量在 0.50～1.00 毫克/千克，面积为 265 173.94 亩，占全县总耕地面积的 22.73%。主要分布在奥家湾乡、蔡家会镇、东会乡、高家村镇、圪达上乡、固贤乡、贺家会乡、交楼申乡、康宁镇、罗峪口镇、孟家坪乡、瓦塘镇、蔚汾镇、魏家滩镇、赵家坪乡，主要作物有马铃薯、玉米、大豆、杂粮等。

五级 有效硼含量在 0.20～0.50 毫克/千克，面积为 479 940.58 亩，占全县总耕地面积的 41.14%。主要分布在奥家湾乡、蔡家会镇、蔡家崖乡、东会乡、恶虎滩乡、高家村镇、圪达上乡、固贤乡、贺家会乡、交楼申乡、康宁镇、罗峪口镇、孟家坪乡、瓦塘镇、蔚汾镇、魏家滩镇、赵家坪乡，主要作物有马铃薯、玉米、大豆、杂粮等。

六级 有效硼含量小于等于 0.20 毫克/千克，面积为 420 790.34 亩，占全县总耕地面积的 36.07%。主要分布在奥家湾乡、蔡家崖乡、恶虎滩乡、高家村镇、固贤乡、交楼申乡、康宁镇、孟家坪乡、瓦塘镇、蔚汾镇、魏家滩镇、兴县国有农作物原种场。

（六）有效钼

一级　有效钼含量大于 0.30 毫克/千克，面积为 14.04 亩，占全县总耕地面积 0.001%。主要分布在圪达上乡，主要作物有马铃薯、玉米、大豆、杂粮等。

二级　全县无分布。

三级　有效钼含量在 0.20～0.25 毫克/千克，面积为 153.79 亩，占全县总耕地面积 0.01%。主要分布在圪达上乡，主要作物有马铃薯、玉米、大豆、杂粮等。

四级　有效钼含量在 0.15～0.20 毫克/千克，面积为 1 223.78 亩，占全县总耕地面积的 0.10%。主要分布在圪达上乡，主要作物有马铃薯、玉米、大豆、杂粮等。

五级　有效钼含量在 0.10～0.15 毫克/千克，面积为 11 710.21 亩，占全县总耕地面积的 1.00%。主要分布在奥家湾乡、蔡家崖乡、高家村镇、圪达上乡、康宁镇、瓦塘镇、魏家滩镇，主要作物有马铃薯、玉米、大豆、杂粮等。

六级　有效钼含量小于等于 0.10 毫克/千克，面积为 1 153 499.51 亩，占全县总耕地面积的 98.88%。主要分布在奥家湾乡、蔡家会镇、蔡家崖乡、东会乡、恶虎滩乡、高家村镇、圪达上乡、固贤乡、贺家会乡、交楼申乡、康宁镇、罗峪口镇、孟家坪乡、瓦塘镇、蔚汾镇、魏家滩镇、兴县国有农作物原种场、赵家坪乡。

兴县耕地土壤微量元素分级面积见表 3-45。

表 3-45　兴县耕地土壤微量元素分级面积

类别		一级		二级		三级		四级		五级		六级	
		百分比（%）	面积（亩）	百分比（%）	面积（亩）	百分比（%）	面积（亩）	百分比（%）	面积（亩）	百分比（%）	面积（亩）	百分比（%）	面积（亩）
耕地土壤	有效铜	0.000 8	9.37	0.10	1 187.42	2.30	26 824.31	67.37	785 954.26	30.21	352 475.85	0.01	150.12
	有效锌	0	0	0.82	9 519.12	3.95	46 092.03	63.38	739 410.53	20.85	243 233.37	11.00	128 346.28
	有效铁	0	0	0	0	0.23	2 667.32	14.03	163 710.81	85.31	995 209.00	0.43	5 014.20
	有效锰	0	0	0	0	0.002	27.46	52.65	614 197.55	47.35	552 376.32	0	0
	有效硼	0	0	0	0	0.06	696.47	22.73	265 173.94	41.14	479 940.58	36.07	420 790.34
	有效钼	0.001	14.04	0	0	0.01	153.79	0.10	1 223.78	1.00	11 710.21	98.88	1 153 499.51

第六节　其他理化性状

一、土壤 pH

兴县耕地土壤 pH 为 7.03～8.51，平均值为 7.54。见表 3-46。

1. 不同行政区划　蔡家会镇最高，平均值为 8.40；依次是圪达上乡平均值为 8.38，罗峪口镇平均值为 8.37，东会乡平均值为 8.30，赵家坪乡平均值为 8.29，贺家会乡平均值为 8.26，孟家坪乡平均值为 8.14，康宁镇平均值为 7.09，高家村镇平均值为 7.05；最低是奥家湾乡、魏家滩镇、瓦塘镇、固贤乡、蔚汾镇、蔡家崖乡、恶虎滩乡、兴县国有农作物原种场、交楼申乡，平均值均为 7.03。

2. 不同地形部位 坡麓、坡腰最高，平均值为 8.3；依次是中低山上、中部坡腰平均值为 7.54，丘陵低山中、下部及坡麓平坦地平均值 7.2，河流阶地平均值为 7.1，山地、丘陵（中、下）部的缓坡地段，地面有一定的坡度平均值为 7.07，河流一级、二级阶地平均值为 7.06，沟谷、梁、峁、坡平均值为 7.04；最低是沟谷地，中低山顶部，黄土塬、梁，低山丘陵坡地，平均值为 7.03。

3. 不同母质 黄土母质最高，平均值为 7.55；其次是洪积物平均值为 7.1；最低是黏质黄土母质（物理黏粒含量＞45％）、沙质黄土母质（物理黏粒含量＜30％）、冲积物、残积物，平均值为 7.03。

4. 不同土壤类型 山地棕壤最高，平均值为 8.2；其次是灰褐土，平均值为 7.54；最低是草甸土，平均值为 7.03。

表 3-46　兴县耕地土壤 pH 分类统计结果

类别		pH	
		平均值	区域值
行政区划	蔡家会镇	8.40	8.28～8.44
	圪达上乡	8.38	8.20～8.51
	罗峪口镇	8.37	8.28～8.51
	东会乡	8.3	7.97～8.44
	赵家坪乡	8.29	7.50～8.44
	贺家会乡	8.26	7.19～8.44
	孟家坪乡	8.14	7.03～8.44
	康宁镇	7.09	7.03～8.36
	高家村镇	7.05	7.03～8.13
	奥家湾乡	7.03	7.03
	魏家滩镇	7.03	7.03
	瓦塘镇	7.03	7.03
	固贤乡	7.03	7.03～7.58
	蔚汾镇	7.03	7.03
	蔡家崖乡	7.03	7.03～7.34
	恶虎滩乡	7.03	7.03
	兴县国有农作物原种场	7.03	7.03
	交楼申乡	7.03	7.03～7.42
地形部位	坡麓、坡腰	8.3	7.97～8.44
	中低山上、中部坡腰	7.54	7.03～8.51
	丘陵低山中、下部及坡麓平坦地	7.2	7.03～8.13
	河流阶地	7.1	7.03～8.36
	山地、丘陵（中、下）部的缓坡地段，地面有一定的坡度	7.07	7.03～8.36

（续）

类别		pH	
		平均值	区域值
地形部位	河流一级、二级阶地	7.06	7.03～8.36
	沟谷、梁、峁、坡	7.04	7.03～7.27
	沟谷地	7.03	7.03
	中低山顶部	7.03	7.03～7.42
	黄土塬、梁	7.03	7.03
	低山丘陵坡地	7.03	7.03
土壤母质	黄土母质	7.55	7.03～8.51
	洪积物	7.1	7.03～8.20
	黏质黄土母质（物理黏粒含量＞45％）	7.03	7.03
	沙质黄土母质（物理黏粒含量＜30％）	7.03	7.03
	冲积物	7.03	7.03
	残积物	7.03	7.03
土壤类型	山地棕壤	8.2	8.05～8.36
	灰褐土	7.54	7.03～8.51
	草甸土	7.03	7.03

二、耕层质地

土壤质地是土壤的重要物理性质之一，不同的质地对土壤肥力的高低、耕性好坏、生产性能的优劣具有很大影响。

土壤质地也称土壤机械组成，指不同粒径在土壤中占有的比例组合。根据卡庆斯基质地分类，粒径大于 0.01 毫米为物理性沙粒，小于 0.01 毫米为物理性黏粒。根据沙黏含量及其比例，主要分为沙土、壤土、黏土三级。

兴县耕层土壤质地 90％以上为壤土，沙土、黏土面积很少，见表 3-47。

表 3-47　兴县土壤耕层质地概况

质地类型	耕种土壤（亩）	占总耕种土壤（％）
松沙土	1 626.49	0.14
沙壤土	914 098.07	78.36
轻壤土	235 587.20	20.19
轻黏土	15 289.57	1.31
合计	1 166 601.33	100.00

从表 3-47 可知，兴县壤土面积居首位，占到全县总耕地面积的 98.55％。其中，壤或轻壤（俗称绵土）物理性沙粒大于 55％，物理性黏粒小于 45％，沙黏适中，大小孔隙

比例适当，通透性好，保水保肥，养分含量丰富，有机质分解快，供肥性好，耕作方便，通耕期早，耕作质量好，发小苗亦发老苗，因此，一般壤质土，水、肥、气、热比较协调。从质地上看，是农业上较为理想的土壤。

沙壤土占兴县耕地总面积的 78.36%，其物理性沙粒高达 80% 以上，土质较沙，疏松易耕，粒间孔隙度大，通透性好，但保水保肥性能差，抗旱力弱，供肥性差，前劲强后劲弱，发小苗不发老苗。

三、土壤结构

1. 土壤结构类型　不同的土壤结构，对土壤中水、肥、气、热的调节，耕作管理的难易程度以及作物的正常生长发育和产量水平都起着重要的作用。好的土壤结构具有保水保肥，抗逆性强，耕作管理方便，适宜作物生长等优点；不良的土壤结构则耕作不良，易板结，易侵蚀，作物正常生长亦受限制。根据土壤普查结果，兴县土壤结构的主要类型有以下几种：

（1）团粒结构：团粒结构是农业生产中最理想的土壤结构，土粒大小适中、圆润粗糙，具海绵状孔隙，水温性能好，它的形成与土壤有机质含量高低密切相关。在天然林区草地，土壤有机质含量丰富，一般 2% 腐殖化程度高，土壤结构系数高，土壤聚结能力强而稳定，它积蓄着大量的水分、养分，并能很好地调节水、肥、气、热之间协调关系，成为高肥优质土壤的主要特点之一。全县这类土壤的面积约为 62 192.63 亩，但是这种结构主要发育在山地草甸土、棕壤、淋溶褐土等自然肥力较高的自然土壤上。在耕种土壤中，团粒结构甚少，仅在各县城镇附近人口密集、园田化程度较高的耕种土壤有团粒结构形成，特别是菜园地，每年施入大量人畜粪尿，土壤有机质含量高，熟化度也高，团粒结构也较明显。据测定，这些团粒结构中，水稳性团粒占 20%～40%，保水保肥，抗逆性强，这种结构的土壤易于作物对土壤养分的吸收利用和根系生长，对夺取作物优质高产起着决定性作用，但面积小而分布零星，仅占全区耕种土壤的 0.59% 左右。

（2）屑粒状结构：土壤团聚体呈球形但小而不规则，土粒直径一般为 0.25～1.00 毫米。它调节土壤中水、肥、气、热矛盾的能力远远低于团粒结构而又高于块状结构，是块状结构和团粒结构之间的一个过渡类型。兴县土壤耕作层大都属这种结构类型。它的非水稳性小团粒结构较多，而水稳性团聚体相对较少，对土壤的孔隙和松紧状况及土壤肥力的调节具有相当作用。据普查，全县这种结构类型的土壤面积约为 1 059 707.48 亩。

（3）块状结构：土壤团聚体成块状立方体，俗称"土坷垃"，多见于有机质贫乏的耕种土壤和心土层、底土层。土壤质地为粉沙质壤土-沙质黏土。这种结构的特点是土团结块大，持水性能差，易侵蚀。它在农业生产中起着一定的不良作用，如耕作管理不便，影响幼苗出土和苗期生长，抗逆性差，极易引起水土流失等。全县表土具有这种结构类型的土壤面积约为 14 372.87 亩。

（4）棱块状结构：土壤团聚体似棱形，坚实少孔，质地严重，透水透气差，宜耕期短，耕性差，作物根系向下伸展困难，是不良的结构类型之一。这种结构多发育在质地细的红黄土母质上，面积约为 11 000 亩。

（5）片状结构：土壤结构体呈扁平或鳞片状成层出现，多发育于冲积-洪积母质上和耕作犁底层。这种结构是在流水沉积和耕作机具的机械压力等外力作用下形成的，故土粒排列紧密，坚实少孔，通透性差。耕作犁底层结构致密，往往影响作物根系下扎和土壤上下层次之间水分养分的正常交换和转化释放。有机质贫乏的土壤，暴雨之后表层易形成板结，影响幼苗出土，易造成作物的缺苗断垄。这种结构类型的土壤面积很少，但对农作物的生长影响较大，故在生产上应重视改良。

2. 耕作土壤的结构特点

（1）耕层结构：耕层又称活土层，厚度一般在 10～25 厘米，山区坡耕地耕层较薄多为 10～15 厘米，平川机耕地则深些为 20～25 厘米。耕层土壤结构以屑粒状居多，占耕地面积的 70%。这种结构类型多是非水稳性团聚体，遇水结构体常会遭到破坏，故抗旱保肥性能差，在以旱农耕作为主的吕梁山区来讲，这种土壤结构虽比块状结构优越，但从抗旱保肥夺高产的意义来讲仍属一种不良的结构类型。质地细的土壤耕层结构为块状；肥力较高的菜园地耕层可以看到明显的团粒结构，它供水供肥和保水保肥性能都很好，是稳产高产农田的重要标志之一。

（2）犁底层结构：地势平坦和缓坡农田都有较明显的犁底层，厚度一般为 5～10 厘米，结构多为片状或鳞片状，陡坡耕种的土壤。土层浅薄，侵蚀强烈，水土流失严重犁底层往往形成坚硬的大土块，对耕作管理非常不便。

（3）心土层结构：心土层厚度一般为 30～60 厘米，有一定数量的植物根系与蚯蚓等动物孔穴，它的结构主要是块状结构，占耕地面积的 80%。

（4）底土层结构：受母质影响较大，多遗留有母质的结构特征，黄土母质上发育的土壤多为块状或柱状结构；红土和红黄土上发育的土壤为棱块状或核块状结构；冲洪积母质上发育的土壤鳞片状或层状结构较明显；沙土一般为单粒结构或无结构。

综合分析，兴县耕种土壤中好的土壤结构面积很少，大部分都是不良结构。因此，改良和创造良好的土壤结构，在农业生产中具有十分重要的意义。特别是旱作农田，有了好的土壤结构可以大大提高土壤的抗旱性能和保肥性能，对作物的高产稳产起着重要的积极作用。改良土壤结构的具体措施是增施有机肥料，采取合理的耕作制度和改进机具，打破犁底层，加厚活土层，掌握好土壤的宜耕期，适时耕翻、中耕锄草，进行田间管理；雨后板结的土壤应及时中耕破除地表板结；合理的轮作倒茬，也有利于土壤结构的形成。通过土壤结构的改良，使"死土变活土，活土变油土"，既利于蓄水保湿，又利于通气和根系下扎，保证作物的正常生长发育，提高作物产量。

四、土体构型

土体构型是指不同质地在剖面中排列组合情况，它对土体中水、肥、气、热的上下运行，水肥的储蓄和流失有很大的影响。兴县土体构型，总的特点是山区比较单一，河谷较为复杂，归纳起来有 6 种类型：

1. 薄层型　指土层较薄、厚度小于 30 厘米，发育于山地残积坡积母质上的土壤多属此类，侵蚀严重的沟谷陡坡局部地段也有薄层黄土分布。特点是：土层浅薄，上下层质地基本无差异，土体中夹有数量不等的砾石，下伏基岩。这种构型的土壤暂不能进行农业利用，应以种草为主，提高植被覆盖率，防止水土流失。

2. 中厚层型 土层厚度在30～80厘米，土体中夹有数量不等的砾石。多为各种岩石风化物，其次还有部分黄土。这类土壤立地条件差，侵蚀较重，在生产中应以发展林牧为宜。

3. 通体型 土层深厚，全剖面上下层质地基本一致，可分三种情况：其一为通体沙质型（松散型），土壤多发育于冲积母质；其二为通体壤质型：土壤多发育于黄土或黄土状母质及冲洪积母质；其三为通体黏质型（紧实型），土壤多发育于冲洪积母质和红黏土母质。

4. 上松下紧型（蒙金型） 指剖面上部为沙质土或壤质土，中下部为黏质土。土壤多发育于冲洪积母质。这类土壤上松下紧，上部通透性好，有机质分解转化快，易耕种，水、肥、气、热状况良好；而下部则形成了一个自然托水保肥层，积蓄养分和水分能源源不断地供给作物对水肥的要求，既发老苗又发小苗。这种土壤构型是农业生产上较理想的土体构型，群众形容为"砂盖垆，赛金楼"。

5. 上紧下松型（倒蒙金型） 指土体上部为黏质土，中下部为沙质土，其上下质地排列与"蒙金型"恰恰相反。这类土壤多发育于冲洪积母质上。

此土体特点是上紧下松，表层质地黏重，通透性能差，耕作管理不便，早春土温回升慢，不利于幼苗生长。心土层质地粗，易漏水漏肥，养分和水分都很缺乏，后劲小，对作物后期生长极为不利。在生产上应采取翻沙掺黏措施，调节上下土层中沙黏土粒的比例，同时要增施有机肥料，培肥地力。

6. 底砾石型 指土体上部为沙壤或轻壤土，中下部出现砾石层，土壤多发育于河谷冲积物母质上。这类土壤构型的特点是：成土时间短，土层不厚，没有形成紧实的隔水层，水肥易渗漏，抗旱能力差，肥力水平低，作物生长后期易脱水脱肥。对于这类土壤要采取引洪漫淤或人工堆垫，加厚土层并要增施农家肥，促进土壤熟化。

五、土壤容重与空隙度

1. 土壤容重 土壤容重是土壤紧实程度的重要标志，是反映土壤肥力高低的因素之一。土壤容重的大小，可以反映土壤的通气透水性能，直接影响到土壤中水、肥、气、热的调节。土壤颗粒越小，有机质含量越高，土粒排列越松，则土壤容重越小；相反，土壤颗粒越粗，有机质含量越低，土粒排列越紧，则土壤容重越大。

兴县土壤表层容重一般较小，心土层和底土层较大，这是受自然肥力和人为耕作的影响。犁底层的土壤容重既大于耕作层，又大于心土层。如褐土的耕作层容重为1.16～1.30克/厘米^3、犁底层为1.32～1.5克/厘米^3、心土层为1.26～1.41克/厘米^3、底土层为1.28～1.42克/厘米^3。就各类土壤来说，自然土壤由于表层腐殖质含量较高，故土壤容重较低，多在1.15克/厘米^{3}以下。耕种土壤因基本多为黄土母质，质地多为沙质壤土，容重差异不大，多在1.1～1.3克/厘米^3。而沙质土和黏质土则较壤质土高，沙质土又较黏质土略高。一般认为土壤容重在1.0～1.3克/厘米^{3}比较适宜，所以兴县耕种土壤的容重是比较理想的。

对于容重偏高的沙质土和黏质土应增施有机肥料，培肥地力改良其结构，降低土壤容重，同时应逐年深耕，加厚耕作层，打破犁底层。

2. 土壤孔隙状况　土壤孔隙度的大小，与土壤的机械组成、结构和有机质的含量密切相关。其次，土壤本身所承受的静压力和人为耕作活动也是影响土壤孔隙度的重要因素。

对于作物生长来说，土壤总孔隙度在 50％～56％较为适宜。兴县土壤孔隙状况多在47％～62％，自然土壤多在 55％～62％，耕种土壤以 47％～60％的居多。总的来讲，兴县土壤的孔隙度是比较适宜的，耕种土壤的孔隙状况基本能够满足作物生长对土壤空气的要求。不同土层的孔隙状况有所差异，据分析，耕作层孔隙度为 49％～58％、犁底层为42％～56％、底土层为 43％～55％。

对于孔隙度偏低的土壤在生产上应采用农业措施，如精耕细作，合理轮作倒茬，增施有机肥料，种植绿肥等加以改良，以便改善土壤的通气状况，协调土壤的水、气矛盾，给作物的生长发育创造良好的环境条件，这对于提高作物产量能够起到积极作用。

第七节　耕地土壤属性综述与养分动态变化

一、耕地土壤属性综述

兴县 38 332 个样点测定结果表明，耕地土壤有机质平均含量为（6.28±1.62）克/千克，全氮平均含量为（0.43±0.08）克/千克，有效磷平均含量为（4.04±1.71）毫克/千克，速效钾平均含量为（116.66±29.40）毫克/千克，缓效钾平均含量为（790.75±77.54）毫克/千克，有效铁平均含量为（4.24±1.12）毫克/千克，有效锰平均值为（5.58±1.56）毫克/千克，有效铜平均含量为（0.62±0.16）毫克/千克，有效锌平均含量为（0.61±0.23）毫克/千克，有效硼平均含量为（0.33±0.18）毫克/千克，有效钼平均含量为（0.08±0.02）毫克/千克，pH 平均值为（7.54±0.63）。见表 3-48。

表 3-48　兴县耕地土壤属性总体统计结果

项目名称	点位数（个）	平均值	最大值	最小值	标准差	变异系数（％）
有机质（克/千克）	38 332	6.28	18.97	3.13	1.62	25.81
全氮（克/千克）	38 332	0.43	1.11	0.25	0.08	18.43
有效磷（毫克/千克）	38 332	4.04	21.75	0.82	1.71	42.30
速效钾（毫克/千克）	38 332	116.66	283.67	59.89	29.40	25.21
缓效钾（毫克/千克）	38 332	790.75	1499.95	384.20	77.54	9.81

（续）

项目名称	点位数（个）	平均值	最大值	最小值	标准差	变异系数（%）
有效铁（毫克/千克）	38 332	4.24	14.00	1.89	1.12	26.35
有效锰（毫克/千克）	38 332	5.58	15.11	2.16	1.56	27.98
有效铜（毫克/千克）	38 332	0.62	2.01	0.20	0.16	26.51
有效锌（毫克/千克）	38 332	0.61	2.70	0.13	0.23	37.75
有效硼（毫克/千克）	38 332	0.33	1.43	0.08	0.18	53.09
有效钼（毫克/千克）	38 332	0.08	0.34	0.03	0.02	19.33
有效硫（毫克/千克）	38 332	19.44	86.53	7.70	4.88	25.11
pH	38 332	7.54	8.51	7.03	0.63	8.41

二、有机质及大量元素动态变化

随着农业生产的发展及施肥、耕作经营管理水平的变化，耕地土壤有机质及大量元素也随之变化。与1984年全国第二次土壤普查时的耕层养分测定结果相比，30年间，土壤有机质增加了4.05克/千克，全氮增加了0.105克/千克，有效磷增加了10.211毫克/千克，速效钾增加了56.777毫克/千克。见表3-49。

表3-49 兴县耕地土壤养分动态变化（本次调查）

项目	土壤类型（亚类）							
	粗骨性灰褐土	灰褐土	灰褐土化草甸土	灰褐土性土	淋溶灰褐土	浅色草甸土	山地灰褐土	山地棕壤
有机质（克/千克）	6.82	5.35	5.64	6.26	10.09	5.15	8.02	9.80
全氮（克/千克）	0.44	0.40	0.40	0.43	0.82	0.40	0.59	0.80
有效磷（毫克/千克）	4.89	3.59	4.33	4.03	4.96	2.89	4.53	4.94
速效钾（毫克/千克）	126.12	102.51	102.63	116.47	134.76	90.06	131.99	135.30

第四章　耕地地力评价

第一节　耕地地力分级

一、面积统计

兴县耕地面积 1 166 601.33 亩。其中，旱地 1 152 711.96 亩，占耕地面积的 98.81%；水浇地 13 818.80 亩，占耕地面积的 1.18%；其他 70.57 亩，占耕地面积的 0.01%。按照《全国耕地类型区、耕地地力等级划分》（NY/T 309—1996）标准，通过对 38 332 个评价单元 IFI 值的计算，对照分级标准，确定每个评价单元的地力等级，汇总结果见表 4 - 1。

表 4 - 1　兴县耕地地力统计结果

等级	耕地面积（亩）	占总耕地面积（%）
一级	30 076.40	2.58
二级	54 484.80	4.67
三级	93 760.51	8.04
四级	190 103.35	16.30
五级	195 558.62	16.76
六级	574 064.56	49.21
七级	28 553.09	2.45
合计	1 166 601.33	100.00

二、地域分布

兴县耕地主要分布于蔚汾河、岚漪河、南川河、湫水河的二级阶地，黄河的一级阶地。

第二节　耕地地力等级分布

一、一级地

（一）面积和分布

一级耕地主要分布在魏家滩镇、瓦塘镇、东会乡、交楼申乡、康宁镇、固贤乡、高家村镇、蔚汾镇。面积为 30 076.40 亩，占全县总耕地面积的 2.58%。

（二）主要属性分析

主要分布于蔚汾河、岚漪河、南川河、湫水河的二级阶地，耕地土壤类型主要为草甸土、灰褐土，成土母质主要为洪积物、黄土母质，地面坡度为 2°～10°，耕层质地主要为沙壤土和轻壤土，耕层厚度平均值为 30.7 厘米，pH 的变化范围 7.03～8.51，平均值为 7.54，地势平缓，无侵蚀，保水，地下水位浅且水质良好，地面平坦，园田化水平高。

一级耕地土壤有机质平均含量 6.28 克/千克；有效磷平均含量为 4.04 毫克/千克，速效钾平均含量为 116.66 毫克/千克，全氮平均含量为 0.43 克/千克。详见表 4-2。

表 4-2 一级地土壤养分含量统计结果

项目	平均值	最大值	最小值	标准差	变异系数
有机质（克/千克）	6.28	12.65	3.79	1.53	24.32
全氮（克/千克）	0.43	0.77	0.30	0.07	17.30
有效磷（毫克/千克）	4.04	11.75	1.48	1.18	30.27
速效钾（毫克/千克）	116.66	193.47	69.70	22.97	20.52
缓效钾（毫克/千克）	768.56	1 000.65	640.86	63.61	8.28
有效铜（毫克/千克）	0.66	0.90	0.38	0.12	17.58
有效锰（毫克/千克）	6.16	9.01	3.45	1.47	23.87
有效锌（毫克/千克）	0.58	1.11	0.21	0.16	27.67
有效铁（毫克/千克）	4.12	7.67	2.28	0.92	22.34
有效硼（毫克/千克）	0.19	0.54	0.10	0.09	44.70
有效钼（毫克/千克）	0.08	0.10	0.06	0.01	11.53
有效硫（毫克/千克）	24.00	76.71	13.82	7.25	30.21
pH	7.54	8.51	7.03	0	0
耕层厚度（厘米）	25.75	40	20	6.64	25.78

一级耕地农作物生产历来水平较高，从农户调查表来看，马铃薯平均亩产 1 500 千克、春播玉米亩产 700 千克，效益显著。

（三）存在主要问题

一是土壤肥力与高产高效的需求仍不适应；二是部分区域地下水资源贫乏，水位持续下降，更新深井，加大了生产成本，化肥施用量不断提升，有机肥施用不足，引起土壤板结，土壤团粒结构分配不合理。影响土壤环境质量的障碍因素是城郊的极个别菜地污染。尽管国家有一系列的种粮政策，但最近几年农资价格的飞速猛长，农民的种粮积极性严重受挫，对土壤进行粗放式管理。

（四）合理利用

三级耕地在利用上应从主攻优质马铃薯、玉米，大力发展设施农业，适当发展蔬菜生产。

二、二级地

（一）面积与分布

二级耕地主要分布在魏家滩镇、瓦塘镇、东会乡、交楼申乡、康宁镇、固贤乡、高家村镇、孟家坪乡、贺家会乡、罗峪口镇、蔚汾镇，面积 54 484.80 亩，占耕地面积的 4.67%。

（二）主要属性分析

二级耕地土壤类型主要为草甸土、灰褐土 2 个土类，成土母质为洪积物、黄土母质、冲积物，耕层质地为沙壤土、轻壤土、轻黏土，地面平坦，园田化水平高。耕层厚度平均值为 29.28 厘米，土壤 pH 为 7.03～8.36，平均值为 7.11。

该级耕地土壤有机质平均含量 6.26 克/千克，有效磷平均含量为 3.64 毫克/千克，速效钾平均含量为 112.01 毫克/千克，全氮平均含量为 0.46 克/千克。详情见表 4-3。

表 4-3　二级地土壤养分含量统计结果

项目	平均值	最大值	最小值	标准差	变异系数
有机质（克/千克）	6.26	12.32	3.46	1.30	20.82
全氮（克/千克）	0.46	0.83	0.32	0.12	25.63
有效磷（毫克/千克）	3.64	12.74	0.82	1.43	39.33
速效钾（毫克/千克）	112.01	257.53	66.43	23.25	20.75
缓效钾（毫克/千克）	792.37	1100.30	600.00	93.50	11.80
有效铜（毫克/千克）	0.72	1.04	0.40	0.13	17.73
有效锰（毫克/千克）	6.72	10.35	2.94	1.52	22.61
有效锌（毫克/千克）	0.65	1.61	0.15	0.22	34.16
有效铁（毫克/千克）	4.69	8.34	2.68	1.17	24.96
有效硼（毫克/千克）	0.26	1.24	0.10	0.15	60.62
有效钼（毫克/千克）	0.08	0.44	0.06	0.01	11.49
有效硫（毫克/千克）	21.46	43.36	10.28	4.29	19.97
pH	7.11	8.36	7.03	0.25	3.52
耕层厚度（厘米）	29.28	45.00	20.00	9.38	32.05

该级耕地主要分布于蔚汾河、岚漪河、南川河、湫水河的二级阶地，黄河的一级阶地。

（三）存在主要问题

盲目施肥现象严重，有机肥施用量少，由于产量高造成土壤肥力下降，农产品品质降低。

（四）合理利用

应"用养结合"，培肥地力为主，一是合理布局，实行轮作、倒茬，尽可能做到须根与直根、深根与浅根、豆科与禾本科、高秆与矮秆作物轮作，使养分调剂，余缺互补；二是推广马铃薯、玉米秸秆两茬还田，提高土壤有机质含量；三是推广测土配方施肥技术，建设高标准农田。

三、三级地

（一）面积与分布

三级耕地主要分布魏家滩镇、瓦塘镇、东会乡、交楼申乡、康宁镇、固贤乡、高家村镇、孟家坪乡、贺家会乡、罗峪口镇、恶虎滩乡、蔚汾镇，面积为 93 760.51 亩，占全县总耕地面积的 8.04%。

（二）主要属性分析

三级耕地主要分布于兴县丘陵地的机修梯田。耕地土壤类型主要为灰褐土和草甸土 2 个土类，成土母质为洪积物、黄土母质、沙质黄土母质（物理黏粒含量＞30%），耕层质地为沙壤土和轻壤土，耕层厚度平均为 33.94 厘米。地面基本平坦，坡度 2°～13°，园田化水平较高。pH 变化范围为 7.03～8.20，平均值为 7.06。

三级耕地土壤有机质平均含量 5.80 克/千克，有效磷平均含量为 3.77 毫克/千克，速效钾平均含量为 101.65 毫克/千克，全氮平均含量为 0.45 克/千克。详见表 4-4。

表 4-4　三级地土壤养分统计结果

项目	平均值	最大值	最小值	标准差	变异系数
有机质（克/千克）	5.80	9.30	3.13	1.06	18.34
全氮（克/千克）	0.45	0.82	0.30	0.10	21.39
有效磷（毫克/千克）	3.77	13.07	1.15	1.42	37.70
速效钾（毫克/千克）	101.65	157.63	72.96	14.18	13.95
缓效钾（毫克/千克）	768.28	1100.30	640.86	74.65	9.72
有效铜（毫克/千克）	0.67	1.54	0.35	0.15	22.68
有效锰（毫克/千克）	5.70	10.35	3.19	1.53	26.91
有效锌（毫克/千克）	0.56	2.01	0.15	0.25	43.72
有效铁（毫克/千克）	4.29	8.00	2.33	1.11	25.90
有效硼（毫克/千克）	0.25	1.30	0.08	0.10	39.21
有效钼（毫克/千克）	0.08	0.11	0.06	0.01	7.41
有效硫（毫克/千克）	19.21	43.36	9.42	5.39	28.04
pH	7.06	8.20	7.03	0.16	2.26
耕层厚度（厘米）	33.94	45.00	20.00	8.24	24.28

三级耕地所在区域,粮食生产水平较高,据调查统计,马铃薯平均亩产 1 000 千克,春播玉米平均亩产在 400 千克以上,谷子平均亩产在 300 千克以上,效益较好。

(三)存在主要问题

该级耕地的微量元素硼、铁等含量偏低。

(四)合理利用

1. 科学种田 兴县农业生产水平属中上水平,粮食产量高,就土壤、水利条件而言,并没有充分显示出高产性能。因此,应采用先进的栽培技术,如选用优种、科学管理、平衡施肥等,施肥上应多喷一些硫酸铁、硼砂、硫酸锌等,充分发挥土壤的丰产性能,夺取各种作物高产。

2. 作物布局 兴县今后应在种植业发展方向上主攻优质谷子生产。

四、四级地

(一)面积与分布

四级耕地主要分布在魏家滩镇、瓦塘镇、东会乡、交楼申乡、康宁镇、固贤乡、高家村镇、孟家坪乡、贺家会乡、罗峪口镇、恶虎滩乡,面积 190 103.35 亩,占全县总耕地面积的 16.30%。

(二)主要属性分析

四级耕地分布范围较大,土壤类型复杂,主要分布于兴县丘陵地的机修梯田和相对肥沃的坡耕地。土壤类型主要为灰褐土和草甸土,成土母质为残积物、洪积物、黄土母质,耕层土壤质地为松沙土、沙壤土、轻壤土、轻黏土,耕层厚度平均为 24.44 厘米,地面基本平坦,园田化水平较高。土壤 pH 为 7.03~8.36,平均值为 7.06。

四级耕地土壤有机质平均含量 5.32 克/千克,全氮平均含量为 0.39 克/千克,有效磷平均含量为 2.99 毫克/千克,速效钾平均含量为 96.35 毫克/千克,有效铜平均含量为 0.61 毫克/千克,有效锰平均含量为 5.07 毫克/千克,有效锌平均含量为 0.50 毫克/千克,有效铁平均含量为 3.61 毫克/千克,有效硼平均含量为 0.21 毫克/千克,有效硫平均含量为 18.56 毫克/千克。详见表 4-5。

表 4-5 四级地土壤养分含量统计结果

项目	平均值	最大值	最小值	标准差	变异系数
有机质(克/千克)	5.32	9.96	3.13	0.75	14.12
全氮(克/千克)	0.39	0.72	0.27	0.04	11.09
有效磷(毫克/千克)	2.99	13.07	1.15	0.98	32.84
速效钾(毫克/千克)	96.35	260.80	63.16	17.82	18.50
缓效钾(毫克/千克)	748.04	940.86	384.20	42.30	5.65
有效铜(毫克/千克)	0.61	1.50	0.25	0.14	22.90
有效锰(毫克/千克)	5.07	9.68	2.68	1.56	30.75

（续）

项目	平均值	最大值	最小值	标准差	变异系数
有效锌（毫克/千克）	0.50	1.81	0.15	0.24	47.56
有效铁（毫克/千克）	3.61	7.01	1.89	0.60	16.63
有效硼（毫克/千克）	0.21	1.00	0.08	0.09	43.91
有效钼（毫克/千克）	0.08	0.12	0.06	0.01	7.60
有效硫（毫克/千克）	18.56	86.53	9.42	5.80	31.27
pH	7.06	8.36	7.03	0.16	2.26
耕层厚度（厘米）	24.44	47.00	20.00	5.18	21.21

四级耕地主要种植作物以大豆、杂粮为主，大豆平均亩产量为 150 千克，杂粮平均亩产 100 千克以上，均处于兴县的中等偏低水平。

（三）存在主要问题

一是无灌溉条件；二是耕地土壤的中量元素镁、硫偏低，微量元素的硼、铁、锌偏低，今后在施肥时应合理补充。

（四）合理利用

平衡施肥。中产田的养分失调，大大地限制了作物增产，因此，要在不同区域的中产田上，大力推广平衡施肥技术，进一步提高耕地的增产潜力。

五、五级地

（一）面积与分布

五级耕地主要分布在魏家滩镇、瓦塘镇、东会乡、交楼申乡、康宁镇、固贤乡、高家村镇、孟家坪乡、贺家会乡、恶虎滩乡、蔚汾镇，面积 195 558.62 亩，占全县总耕面积的 16.76%。

（二）主要属性分析

五级耕地分布范围较大，土壤类型复杂，主要分布于兴县丘陵地区的坡耕地。耕地土壤类型为草甸土、灰褐土和山地棕壤 3 个土类，成土母质为洪积物、黄土母质、黏质黄土母质（物理黏粒含量＞45%），耕层质地为松沙土、沙壤土、轻壤土、轻黏土，耕层厚度为 27.78 厘米，pH 为 7.03~8.44，平均值为 7.26。

五级耕地土壤有机质平均含量 6.70 克/千克，有效磷平均含量为 3.89 毫克/千克，速效钾平均含量为 119.79 毫克/千克；全氮平均含量为 0.47 克/千克。详见表 4-6。

表 4-6　五级地土壤养分含量统计结果

项目	平均值	最大值	最小值	标准差	变异系数
有机质（克/千克）	6.70	18.97	3.13	2.43	36.24
全氮（克/千克）	0.47	1.11	0.28	0.13	26.96

（续）

项目	平均值	最大值	最小值	标准差	变异系数
有效磷（毫克/千克）	3.89	21.75	0.82	2.01	51.83
速效钾（毫克/千克）	119.79	283.67	66.43	36.99	30.88
缓效钾（毫克/千克）	800.55	1499.95	550.20	108.70	13.58
有效铜（毫克/千克）	0.70	2.01	0.20	0.19	26.86
有效锰（毫克/千克）	6.07	15.11	2.94	1.92	31.64
有效锌（毫克/千克）	0.64	2.70	0.13	0.32	49.89
有效铁（毫克/千克）	4.64	14.00	2.17	1.80	38.65
有效硼（毫克/千克）	0.27	1.43	0.08	0.17	63.44
有效钼（毫克/千克）	0.08	0.11	0.03	0.01	13.02
有效硫（毫克/千克）	19.16	86.53	9.42	5.47	28.56
pH	7.26	8.44	7.03	0.47	6.51
耕层厚度（厘米）	27.78	45.00	20.00	9.71	34.94

五级耕地主要种植作物以大豆、杂粮为主，大豆平均亩产量为 150 千克，杂粮平均亩产 100 千克以上，均处于兴县的中等偏低水平。

（三）存在主要问题

一是无灌溉条件；二是耕地土壤的中量元素镁、硫偏低，微量元素的硼、铁、锌偏低，今后在施肥时应合理补充。

（四）合理利用

改良土壤，主要措施是除增施有机肥、秸秆还田外，还应种植苜蓿、豆类等养地作物，通过轮作、倒茬，改善土壤理化性状；在施肥上除增加农家肥施用量外，应多施氮肥，平衡施肥，搞好土壤肥力协调，丘陵区整修梯田，培肥地力，防蚀保土，建设高产基本农田。

六、六级地

（一）面积与分布

六级耕地主要分布在魏家滩镇、瓦塘镇、东会乡、康宁镇、固贤乡、高家村镇、孟家坪乡、贺家会乡、罗峪口镇、恶虎滩乡、圪达上、蔡家会、赵家坪、奥家湾、蔚汾镇，面积 574 064.56 亩，占耕地面积的 49.21%。

（二）主要属性分析

六级耕地分布范围较大，土壤类型复杂，主要分布于兴县丘陵地区的坡耕地。土壤类型主要为灰褐土和草甸土，成土母质为残积物、洪积物、黄土母质，黏质黄土母质（物理黏粒含量＞45%），耕层土壤质地为沙壤土、轻壤土、轻黏土，耕层厚度平均为 33.85 厘米，地面基本平坦，园田化水平较高。土壤 pH 为 7.03～8.51，平均值为 7.92。

六级耕地土壤有机质平均含量 6.58 克/千克，全氮平均含量为 0.43 克/千克，有效磷平均含量为 4.57 毫克/千克，速效钾平均含量 125.94 毫克/千克，有效铜平均含量为 0.58 毫克/千克，有效锰平均含量为 5.51 毫克/千克，有效锌平均含量为 0.63 毫克/千克，有效铁平均含量为 4.30 毫克/千克，有效硼平均含量为 0.41 毫克/千克，有效硫平均含量为 19.65 毫克/千克。详见表 4-7。

表 4-7 六级地土壤养分含量统计结果

项目	平均值	最大值	最小值	标准差	变异系数
有机质（克/千克）	6.58	17.65	3.13	1.46	22.17
全氮（克/千克）	0.43	0.80	0.25	0.05	12.52
有效磷（毫克/千克）	4.57	16.09	0.82	1.67	36.58
速效钾（毫克/千克）	125.94	273.87	59.89	27.53	21.86
缓效钾（毫克/千克）	807.16	1220.93	483.80	67.87	8.41
有效铜（毫克/千克）	0.58	1.61	0.25	0.15	26.28
有效锰（毫克/千克）	5.51	12.35	2.16	1.34	24.41
有效锌（毫克/千克）	0.63	1.61	0.15	0.17	26.94
有效铁（毫克/千克）	4.30	9.67	2.17	0.87	20.17
有效硼（毫克/千克）	0.41	1.14	0.08	0.17	40.70
有效钼（毫克/千克）	0.07	0.34	0.03	0.02	24.33
有效硫（毫克/千克）	19.65	60.08	7.70	4.03	20.49
pH	7.92	8.51	7.03	0.62	7.77
耕层厚度（厘米）	33.85	45.00	18.00	9.10	26.87

六级耕地主要种植作物以杂粮为主，杂粮平均亩产 80 千克以上，均处于兴县的中等偏低水平。

（三）存在主要问题

一是无灌溉条件，是典型的望天田；二是耕地的中量元素镁、硫偏低，微量元素的硼、铁、锌偏低，今后在施肥时应合理补充。

（四）合理利用

平衡施肥。中产田的养分失调，大大地限制了作物增产，因此，要在不同区域的中低产田上，大力推广平衡施肥技术，进一步提高耕地的增产潜力。

七、七级地

（一）面积与分布

七级耕地主要分布在高家村镇、孟家坪乡、瓦塘镇、蔚汾镇，面积 28 553.09 亩，占全县总耕地面积的 2.45%。

（二）主要属性分析

主要分布于远离村庄的坡耕地，人口密度相对较小。土壤类型为灰褐土 1 个土类，成土母质为黄土母质、黏质黄土母质（物理黏粒含量＞45％），耕层土壤质地为沙壤土、轻壤土、轻黏土，耕层厚度平均为 24.07 厘米，地面基本平坦，园田化水平较高，土壤 pH 为 7.03～8.44，平均值为 7.16。

七级耕地土壤有机质平均含量 5.33 克/千克，全氮平均含量为 0.41 克/千克，有效磷平均含量为 2.92 毫克/千克，速效钾平均含量为 95.88 毫克/千克，有效铜平均含量为 0.62 毫克/千克，有效锰平均含量为 4.83 毫克/千克，有效锌平均含量为 0.66 毫克/千克，有效铁平均含量为 3.96 毫克/千克，有效硼平均含量为 0.24 毫克/千克，有效硫平均含量为 16.99 毫克/千克。详见表 4-8。

表 4-8 七级地土壤养分含量统计结果

项目	平均值	最大值	最小值	标准差	变异系数
有机质（克/千克）	5.33	8.64	3.79	0.89	16.67
全氮（克/千克）	0.41	0.55	0.28	0.06	14.44
有效磷（毫克/千克）	2.92	8.40	0.82	1.23	42.07
速效钾（毫克/千克）	95.88	167.34	59.89	18.23	19.01
缓效钾（毫克/千克）	755.15	960.79	620.93	44.08	5.84
有效铜（毫克/千克）	0.62	1.11	0.36	0.20	32.79
有效锰（毫克/千克）	4.83	8.35	3.19	1.16	24.09
有效锌（毫克/千克）	0.66	1.61	0.20	0.24	36.62
有效铁（毫克/千克）	3.96	5.34	2.50	0.53	13.41
有效硼（毫克/千克）	0.24	0.58	0.12	0.10	41.86
有效钼（毫克/千克）	0.09	0.11	0.05	0.01	9.41
有效硫（毫克/千克）	16.99	30.08	9.42	3.79	22.31
pH	7.16	8.44	7.03	0.36	5.00
耕层厚度（厘米）	24.07	45.00	20.00	7.97	33.09

七级耕地主要种植作物以杂粮为主，杂粮平均亩产 80 千克以上，均处于兴县的中等偏低水平。

（三）存在主要问题

一是无灌溉条件，是典型的望天田；二是耕地的中量元素镁、硫偏低，微量元素的硼、铁、锌偏低，今后在施肥时应合理补充。

（四）合理利用

平衡施肥。中低产田的养分失调，大大地限制了作物增产，因此，要在不同区域的中低产田上，大力推广平衡施肥技术，进一步提高耕地的增产潜力。

兴县不同乡（镇）各级耕地数量统计结果见表 4-9。

表4－9　不同乡（镇）各级耕地数量统计结果

乡（镇）	一级地 面积（亩）	一级地 百分比（%）	二级地 面积（亩）	二级地 百分比（%）	三级地 面积（亩）	三级地 百分比（%）	四级地 面积（亩）	四级地 百分比（%）	五级地 面积（亩）	五级地 百分比（%）	六级地 面积（亩）	六级地 百分比（%）	七级地 面积（亩）	七级地 百分比（%）	合计
奥家湾乡	596.79	1.13	1 989.08	3.78	6 919.84	13.15	6 115.83	11.63	31 164.78	59.24	3 316.26	6.30	2 506.57	4.76	52 609.13
蔡家会镇	0	0	0	0	0	0	0	0	0	0	66 990.14	99.46	365.20	0.54	67 355.34
蔡家崖乡	181.48	0.21	24.33	0.03	755.10	0.87	4 497.75	5.17	20 840.41	23.95	59 915.80	68.86	802.31	0.92	87 017.18
东会乡	0	0	0	0	0	0	1 240.60	4.24	27 888.99	95.31	131.27	0.45	0	0	29 260.86
恶虎滩乡	202.71	0.91	7 970.38	35.95	9 528.98	42.98	703.63	3.17	3 767.29	16.99	0	0	0	0	22 172.99
高家村镇	5 910.80	10.51	3 832.16	6.82	1 641.99	2.92	6 235.41	11.09	15 687.86	27.90	19 256.94	34.25	3 658.24	6.51	56 223.40
圪达上乡	0	0	13.17	0.02	1.89	0	0	0	0	0	38 691.44	100.00	0	0	38 691.44
固贤乡	2 664.07	3.85	0	0	0	0	2 329.96	3.37	31 122.46	45.03	32 876.65	47.57	107.86	0.16	69 116.06
贺家会乡	0	0	734.04	1.00	3 861.12	5.27	1 213.28	1.65	290.71	0.40	66 979.66	91.35	247.03	0.34	73 325.81
交楼申乡	1 629.75	4.03	10 441.25	25.80	21 421.91	52.93	1 018.29	2.52	5 050.87	12.48	906.80	2.24	0	0	40 468.87
康宁镇	11 874.93	11.36	25 078.31	24.00	10 564.27	10.11	26 827.39	25.67	19 701.10	18.85	10 348.46	9.90	119.24	0.11	104 513.70
罗峪口镇	0	0	64.02	0.09	0	0	180.41	0.26	273.21	0.40	68 479.10	99.25	0	0	68 996.74
孟家坪乡	317.48	0.28	1 904.60	1.68	94.92	0.08	1 358.47	1.20	8 882.26	7.82	97 771.43	86.11	3 212.69	2.83	113 541.85
瓦塘镇	3 898.32	5.03	545.74	0.70	8 481.84	10.95	30 117.75	38.87	9 900.75	12.78	15 204.62	19.62	9 337.33	12.05	77 486.35
蔚汾镇	191.64	0.20	382.80	0.39	3 009.66	3.07	42 197.54	43.09	10 075.86	10.29	34 810.38	35.55	7 264.08	7.42	97 931.96
魏家滩镇	2 236.38	1.99	1 321.69	1.18	26 144.02	23.26	64 637.96	57.51	8 641.17	7.69	8 846.13	7.87	569.96	0.51	112 397.31
兴县国有农作物原种场	372.05	67.00	183.23	33.00									0	0	555.28
赵家坪乡	0	0	0	0	1 334.99	2.43	1 429.08	2.60	2 270.91	4.13	49 539.48	90.18	362.58	0.66	54 937.03
合计	30 076.40	2.58	54 484.80	4.67	93 760.51	8.04	190 103.35	16.30	195 558.62	16.76	574 064.56	49.21	28 553.09	2.45	1 166 601.33

第五章　中低产田类型、分布及改良利用

本次耕地地力评价对兴县的中低产田进行了分类，分为瘠薄培肥型、坡地梯改型，并且分别对这两种类型中低产田在兴县的分布进行了说明。阐述了这两种类型中低产田的生产性能以及存在的问题，进一步提出了关于这些问题的改良利用措施。

第一节　中低产田类型及分布

中低产田是指存在各种制约农业生产的土壤障碍因素，产量相对低而不稳定的耕地。

通过对兴县耕地地力状况的调查，根据土壤主导障碍因素的改良主攻方向，依据《全国耕地类型区、耕地地力等级划分》（NY/T 310—1996），引用吕梁市耕地地力等级划分标准，结合实际进行分析，兴县中低产田划分为 2 个类型：瘠薄培肥型、坡地梯改型。全县中低产田面积为 1 136 524.93 亩，占总耕地面积的 97.42％。中低产田各类型面积情况统计见表 5-1。

表 5-1　兴县中低产田各类型面积情况统计结果

类　　型	面积（亩）	占耕地总面积（％）	占中低产田面积（％）
瘠薄培肥型	587 349.69	50.35	51.68
坡地梯改型	549 175.24	47.07	48.32
合　计	1 136 524.93	97.42	100.00

一、瘠薄培肥型

瘠薄培肥型是指受气候、地形条件限制，造成干旱、缺水、土壤养分含量低、结构不良、投肥不足、产量低于当地高产农田，只能通过连年深耕、培肥土壤、改革耕作制度，推广旱作农业技术等长期性的措施逐步加以改良的耕地。

兴县瘠薄培肥型中低产田面积为 587 349.69 亩，占耕地总面积的 50.35％。共有19 015个评价单元，分布在全县各个乡（镇）的村庄。

二、坡地梯改型

坡地梯改型是指主导障碍因素为土壤侵蚀，以及与其相关的地形、地面坡度、土体厚度，土体构型与物质组成，耕作熟化层厚度与熟化程度等，需要通过修筑梯田埂等田间水保工程加以改良治理的坡耕地。

兴县坡地梯改型中低产田面积为 549 175.24 亩，占耕地总面积的 47.07%。共有 18 733个评价单元，分布在奥家湾乡、蔡家会镇、蔡家崖乡、东会乡、恶虎滩乡、高家村镇、圪达上乡、固贤乡、贺家会乡、交楼申乡、康宁镇、罗峪口镇、孟家坪乡、瓦塘镇、蔚汾镇、魏家滩镇、赵家坪乡。

第二节　生产性能及存在问题

一、瘠薄培肥型

该类型区域土壤轻度侵蚀或中度侵蚀，多数为旱耕地，土壤类型是草甸土、灰褐土、山地棕壤，成土母质为残积物、洪积物、黄土母质、沙质黄土母质（物理黏粒含量＜30%）、黏质黄土母质（物理黏粒含量＞45%）、冲积物，耕层质地为松沙土、沙壤土、轻壤土、轻黏土，耕层厚度 20~47 厘米，地力等级为 2~7 级，耕层养分含量有机质 6.08 克/千克、全氮 0.43 克/千克、有效磷 3.68 毫克/千克、速效钾 109.52 毫克/千克。存在的主要问题是田面不平，水土流失严重，干旱缺水，土质粗劣，肥力较差。

二、坡地梯改型

该类型区地面坡度 2°~13°，以中度侵蚀为主，园田化水平高，土壤类型为灰褐土和草甸土，成土母质为残积物、洪积物、黄土母质、黏质黄土母质（物理黏粒含量＞45%）、冲积物，耕层质地分为沙壤土、轻壤土、轻黏土，耕层厚度平均值为 32.05 厘米，地力等级为 5~7 级，耕地土壤有机质含量 6.49 克/千克、全氮 0.43 克/千克、有效磷 4.42 毫克/千克、速效钾 124.06 毫克/千克。存在的主要问题是土质粗劣，水土流失比较严重，土体发育微弱，土壤干旱瘠薄、耕层浅。

兴县中低产田各类型土壤养分含量平均值情况统计结果见表 5-2。

表 5-2　兴县中低产田各类型土壤养分含量平均值情况统计结果

类　型	有机质（克/千克）	全氮（克/千克）	有效磷（毫克/千克）	速效钾（毫克/千克）
瘠薄培肥型	6.08	0.43	3.68	109.52
坡地梯改型	6.49	0.43	4.42	124.06
平均值	6.28	0.43	4.05	116.73

第三节　改良利用措施

兴县中低产田面积为 1 136 524.93 亩，占全县耕地总面积的 97.42%，严重影响全县农业生产的发展和农业经济效益，应因地制宜进行改良。

总体上讲，中低产田的改良、耕作、培肥是一项长期而艰巨的任务。通过工程、生物、农艺、化学等综合措施，消除或减轻中低产田土壤限制农业产量提高的各种障碍因素，提高耕地的基础地力，其中耕作培肥对中低产田的改良效果是极其显著的。具体措施如下：

1. 工程措施操作规程　根据地形和地貌特征，进行详细的测量规划，计算土方量，绘制了规划图，为项目实施提供科学的依据，并提出实施方案。涉及内容包括里切外垫、整修地埂和生产路。

（1）里切外垫操作规程：一是就地填挖平衡，土方不进不出；二是平整后从外到内要形成1°的坡度。

（2）修筑田埂操作规程：要求地埂截面：截面为梯形，上宽0.3米、下宽0.4米、高0.5米，其中有0.25米在活土层以下。

生产路操作规程按有关标准执行。

2. 增施畜禽肥培肥技术　利用周边养殖农户多的有利条件，亩增施农家肥1吨、48千克万特牌有机肥，待作物收获后及时旋耕深翻入土。

3. 马铃薯秸秆旋耕覆盖还田技术　利用秸秆还田机，把马铃薯秸秆粉碎，亩用马铃薯秸秆200千克；或采用深翻使秸秆翻入地里；或用深松机进行深松作业，秸秆进行休闲期覆盖。并增施氮肥（尿素）2.5千克/亩，撒于地面，深耕入土，要求深翻30厘米以上。

4. 测土配方施肥技术　根据化验结果、土壤供肥性能、作物需肥特性、目标产量、肥料利用率等因子，拟定马铃薯配方施肥方案如下：旱地：>1 500千克/亩，纯氮（N）-磷（P_2O_5）-钾（K_2O）为10-6-0千克/亩；1 000~1 500千克/亩，纯氮-磷-钾为8-6-0千克/亩；<1 000千克/亩，纯氮-磷-钾为6-4-0千克/亩。

5. 施用抗旱保水剂技术　马铃薯播种前，用抗旱保水剂1.5千克/亩与有机肥均匀混合后施入土中；或于马铃薯生长后期进行多次喷施。

6. 深耕增厚耕作层技术　采用60拖拉机悬挂深耕松犁或带4~6铧深耕犁，在马铃薯收获后进行土壤深松耕，要求耕作深度30厘米以上。

然而，不同的中低产田类型有其自身的特点，在改良利用中应针对这些特点，采取相应的措施。

一、瘠薄培肥型

1. 平整土地与条田建设　将平坦塬面及缓坡地规划成条田，平整土地，以蓄水保墒。有条件的地方，开发利用地下水资源和引水上塬，逐步扩大塬面水浇地面积。通过水土保持和提高水资源开发水平，发展粮果生产。

2. 实行水保耕作法　在平川区推广地膜覆盖、生物覆盖等旱农技术；山地、丘陵推广丰产沟田或者其他高耕作物及种植制度和地膜覆盖、生物覆盖等旱作农业技术，有效保持土壤水分，满足作物需求，提高作物产量。

3. 大力兴建林带植被　因地制宜地造林、种草与农作物种植有效结合，兼顾生态效益和经济效益，发展复合农业。

二、坡地梯改型

1. 梯田工程 该类地形区的深厚黄土层为修建水平梯田创造了条件。梯田可以减少坡长，使地面平整，变降雨的坡面径流为垂直入渗，防止水土流失，增强土壤水分储备和抗旱能力，可采用缓坡修梯田、陡坡种林草，增加地面覆盖度。

2. 增加梯田土层及耕作熟化层厚度 新建梯田的土层厚度相对较薄，耕作熟化程度较低。梯田土层厚度及耕作熟化层厚度的增加是这类田地改良的关键。梯田土层厚度的一般标准为：土层厚大于 80 厘米，耕作熟化层大于 20 厘米，有条件的应达到土层厚大于 100 厘米，耕作熟化层厚度大于 25 厘米。

3. 农、林、牧并重 该类耕地今后的利用方向应是农、林、牧并重，因地制宜，全面发展。此类耕地应发展种草、植树，扩大林地和草地面积，促进养殖业发展，将生态效益和经济效益结合起来，如实行农（果）林复合农业。

第六章　耕地地力评价与测土配方施肥

第一节　测土配方施肥的原理与方法

一、测土配方施肥的含义

测土配方施肥是以肥料田间试验、土壤测试为基础，根据作物需肥规律、土壤供肥性能和肥料效应，在合理施用有机肥料的基础上，提出氮、磷、钾及中量、微量元素等肥料的施用品种、数量、施肥时期和施用方法。通俗地讲，就是在农业科技人员指导下科学施用配方肥。测土配方施肥技术的核心是调整和解决作物需肥与土壤供肥之间的矛盾。同时有针对性地补充作物所需的营养元素，作物缺什么元素就补充什么元素，需要多少补充多少，实现各种养分平衡供应，满足作物的需要。达到增加作物产量、改善农产品品质、节省劳力、节支增收的目的。

二、应用前景

土壤有效养分是作物营养的主要来源，施肥是补充和调节土壤养分数量与补充作物营养最有效手段之一。作物因其种类、品种、生物学特性、气候条件以及农艺措施等诸多因素的影响，其需肥规律差异较大。因此，及时了解不同作物种植土壤中的土壤养分变化情况，对于指导科学施肥具有广阔的发展前景。

测土配方施肥是一项应用性很强的农业科学技术，在农业生产中大力推广应用，对促进农业增效、农民增收具有十分重要的作用。通过测土配方施肥的实施，能达到5个目标：一是节肥增产。在合理施用有机肥的基础上，提出合理的化肥投入量，调整养分配比，使作物产量在原有基础上能最大限度地发挥其增产潜能。二是提高产品品质。通过田间试验和土壤养分化验，在掌握土壤供肥状况，优化化肥投入的前提下，科学调控作物所需养分的供应，达到改善农产品品质的目标。三是提高肥效。在准确掌握土壤供肥特性、作物需肥规律和肥料利用率的基础上，合理设计肥料配方，从而达到提高产投比和增加施肥效益的目标。四是培肥改土。实施测土配方施肥必须坚持用地与养地相结合、有机肥与无机肥相结合，在逐年提高作物产量的基础上，不断改善土壤的理化性状，达到培肥和改良土壤，提高土壤肥力和耕地综合生产能力，实现农业可持续发展。五是生态环保。实施测土配方施肥，可有效地控制化肥特别是氮肥的投入量，提高肥料利用率，减少肥料的面源污染，避免因施肥引起的富营养化，实现农业高产和生态环保相协调的目标。

三、测土配方施肥的依据

1. 土壤肥力是决定作物产量的基础 肥力是土壤的基本属性和质的特征，是土壤从养分条件和环境条件方面，供应和协调作物生长的能力。土壤肥力是土壤的理化生物性状的反映，是土壤诸多因子共同作用的结果。农业科学家通过大量的田间试验和示踪元素的测定证明，作物产量的构成，有 $40\%\sim80\%$ 的养分吸收来自土壤。养分吸自土壤比例的大小和土壤肥力的高低有着密切的关系，土壤肥力越高，作物吸自土壤养分的比例就越大，相反，土壤肥力越低，作物吸自土壤的养分越少，那么肥料的增产效应相对增大，但土壤肥力低绝对产量也低。要提高作物产量，首先要提高土壤肥力，而不是依靠增加肥料。因此，土壤肥力是决定作物产量的基础。

2. 有机与无机相结合、大中微量元素相配合、用地和养地相结合是测土配方施肥的主要原则 实施配方施肥必须以有机肥为基础，土壤有机质含量是土壤肥力的重要指标。增施有机肥可以增加土壤有机质含量，改善土壤理化生物性状，提高土壤保水保肥性能，增强土壤活性，促进化肥利用率的提高，各种营养元素的配合才能获得高产稳产。要使作物-土壤-肥料形成物质和能量的良性循环，必须坚持用养结合，投入产出相对平衡，保证土壤肥力的逐步提高，达到农业的可持续发展。

3. 测土配方施肥 测土配方施肥是以养分归还学说，最小养分律、同等重要律、不可代替律、肥料效应报酬递减律和因子综合作用律为理论依据，以确定不同养分的施肥总量和肥料配比为主要内容。同时注意良种、田间管护等影响肥效的诸多因素，形成了测土配方施肥的综合资源管理体系。

（1）养分归还学说：作物产量的形成有 $40\%\sim80\%$ 的养分来自土壤，但不能把土壤看作一个取之不尽、用之不竭的"养分库"。为保证土壤有足够的养分供应容量和强度，保证土壤养分的携出与输入间的平衡，必须通过施肥这一措施来实现。依靠施肥，可以把作物吸收的养分"归还"土壤，确保土壤肥力。

（2）最小养分律：作物生长发育需要吸收各种养分，但严重影响作物生长，限制作物产量的是土壤中那种相对含量最小的养分因素。也就是最缺的那种养分。如果忽视这个最小养分，即使继续增加其他养分，作物产量也难以提高。只有增加最小养分的量，产量才能相应提高。经济合理的施肥是将作物所缺的各种养分同时按作物所需比例相应提高，作物才会优质高产。

（3）同等重要律：对作物来讲，不论大量元素或微量元素，都是同样重要缺一不可的。即使缺少某一种微量元素，尽管它的需要量很少，仍会影响某种生理功能而导致减产。微量元素和大量元素同等重要，不能因为需要量少而忽略。

（4）不可替代律：作物需要的各种营养元素，在作物体内都有一定的功效，相互之间不能替代，缺少什么营养元素，就必须施用含有该元素的肥料进行补充，不能互相替代。

（5）肥料效应报酬：随着投入的单位劳动和资本量的增加，报酬的增加却在减少，当施肥量超过适量时，作物产量与施肥量之间单位施肥量的增产会呈递减趋势。

（6）因子综合作用律：作物产量的高低是由影响作物生长发育诸因素综合作用的结

果，但其中必有一个起主导作用的限制因子，产量在一定程度上受该限制因素的制约。为了充分发挥肥料的增产作用和提高肥料的经济效益，一方面，施肥措施必须与其他农业技术措施相结合，发挥生产体系的综合功能；另一方面，各种养分之间的配合施用，也是提高肥效不可忽视的问题。

四、测土配方施肥确定施肥量的基本方法

1. 土壤与植物测试推荐施肥方法　该技术综合了目标产量法、养分丰缺指标法和作物营养诊断法的优点。对于大田作物在综合考虑有机肥、作物秸秆应用和管理措施的基础上，根据氮、磷、钾和中量、微量元素养分的不同特征，采取不同的养分优化调控与管理策略。其中，氮肥推荐根据土壤供氮状况和作物需氮量，进行实时动态监测和精确调控，包括基肥和追肥的调控；磷、钾肥通过土壤测试和养分平衡进行监控；中量、微量元素采用因缺补缺的矫正施肥策略。该技术包括氮素实时监控、磷钾养分恒量监控和中量、微量元素养分矫正施肥技术。

（1）氮素实时监控施肥技术：根据不同土壤、不同作物、不同目标产量确定作物需氮量，以需氮量的30％～60％作为基肥用量。具体基施比例根据土壤全氮含量，同时参照当地丰缺指标来确定。一般在全氮含量偏低时，采用需氮量的50％～60％作为基肥；在全氮含量居中时，采用需氮量的40％～50％作为基肥；在全氮含量偏高时，采用需氮量的30％～40％作为基肥。30％～60％基肥比例可根据上述方法确定，并通过"3414"田间试验进行校验，建立当地不同作物的施肥指标体系。有条件的地区可在播种前对0～20厘米土壤无机氮进行监测，调节基肥用量。

$$基肥用量（千克/亩）=\frac{（目标产量需氮量-土壤无机氮）\times（30\%～60\%）}{肥料中养分含量\times肥料当季利用率}$$

其中：土壤无机氮（千克/亩）＝土壤无机氮测试值（毫克/千克）×0.15×校正系数

氮肥追肥用量推荐以作物关键生育期的营养状况诊断或土壤硝态氮的测试为依，这是实现氮肥准确推荐的关键环节，也是控制过量施氮或施氮不足、提高氮肥利用率和减少损失的重要措施。测试项目主要是土壤全氮含量、土壤硝态氮含量或马铃薯拔节期茎基部硝酸盐浓度、玉米最新展开叶叶脉中部硝酸盐浓度，水稻采用叶色卡或叶绿素仪进行叶色诊断。

（2）磷钾养分恒量监控施肥技术：根据土壤有效磷、速效钾含量水平，以土壤有效磷、速效钾养分不成为实现目标产量的限制因子为前提，通过土壤测试和养分平衡监控，使土壤有效磷、速效钾含量保持在一定范围内。对于磷肥，基本思路是根据土壤有效磷测试结果和养分丰缺指标进行分级，当有效磷水平处在中等偏上时，可以将目标产量需要量（只包括带出田块的收获物）的100％～110％作为当季磷肥用量；随着有效磷含量的增加，需要减少磷肥用量，直至不施；随着有效磷的降低，需要适当增加磷肥用量，在极缺磷的土壤上，可以施到需要量的150％～200％。在2～3年后再次测土时，根据土壤有效磷和产量的变化再对磷肥用量进行调整。钾肥首先需要确定施用钾肥是否有效，再参照上面方法确定钾肥用量，但需要考虑有机肥和秸秆还田带入的钾量。一般大田作物磷、钾肥

料全部做基肥。

（3）中量、微量元素养分矫正施肥技术：中量、微量元素养分的含量变幅大，作物对其需要量也各不相同。主要与土壤特性（尤其是母质）、作物种类和产量水平等有关。矫正施肥就是通过土壤测试，评价土壤中量、微量元素养分的丰缺状况，进行有针对性的因缺补缺的施肥。

2. 肥料效应函数法 根据"3414"方案田间试验结果建立当地主要作物的肥料效应函数，直接获得某一区域，某种作物的氮、磷、钾肥料的最佳施用量，为肥料配方和施肥推荐提供依据。

3. 土壤养分丰缺指标法 通过土壤养分测试结果和田间肥效试验结果，建立不同作物、不同区域的土壤养分丰缺指标，提供肥料配方。

土壤养分丰缺指标田间试验也可采用"3414"部分实施方案。"3414"方案中的处理1为空白对照（CK），处理6为全肥区（NPK），处理2、处理4、处理8为缺素区（即PK、NK和NP）。收获后计算产量，用缺素区产量占全肥区产量百分数即相对产量的高低来表达土壤养分的丰缺情况。相对产量低于50%的土壤养分为极低，相对产量50%～60%（不含）为低，60%～70%（不含）为较低，70%～80%（不含）为中，80%～90%（不含）为较高，90%（含）以上为高（也可根据当地实际确定分级指标），从而确定适用于某一区域、某种作物的土壤养分丰缺指标及对应的肥料施用数量。对该区域其他田块，通过土壤养分测试，就可以了解土壤养分的丰缺状况，提出相应的推荐施肥量。

4. 养分平衡法

（1）基本原理与计算方法：根据作物目标产量需肥量与土壤供肥量之差估算施肥量，计算公式为：

$$施肥量（千克/亩）=\frac{目标产量所需养分总量-土壤供肥量}{肥料中养分含量×肥料当季利用率}$$

养分平衡法涉及目标产量、作物需肥量、土壤供肥量、肥料利用率和肥料中有效养分含量五大参数。土壤供肥量即为"3414"方案中处理1的作物养分吸收量。目标产量确定后因土壤供肥量的确定方法不同，形成了地力差减法和土壤有效养分校正系数法两种。

地力差减法是根据作物目标产量与基础产量之差来计算施肥量的一种方法。其计算公式为：

$$施肥量（千克/亩）=\frac{（目标产量-基础产量）×单位经济产量养分吸收量}{肥料中养分含量×肥料利用率}$$

基础产量即为"3414"方案中处理1的产量。

土壤有效养分校正系数法是通过测定土壤有效养分含量来计算施肥量。其计算公式为：

$$施肥量（千克/亩）=\frac{作物单位产量养分吸收量×目标产量-土壤测试值×0.15×土壤有效养分校正系数}{肥料中养分含量×肥料利用率}$$

（2）有关参数的确定：

①目标产量。目标产量可采用平均单产法来确定。平均单产法是利用施肥区前3年平均单产和年递增率为基础确定目标产量，其计算公式是：

$$目标产量（千克/亩）=（1+递增率）×前3年平均单产（千克/亩）$$

一般粮食作物的递增率为 $10\% \sim 15\%$，露地蔬菜为 20%，设施蔬菜为 30%。

②作物需肥量。通过对正常成熟的农作物全株养分的分析，测定各种作物百千克经济产量所需养分量，乘以目标常量即可获得作物需肥量。

$$作物目标产量所需养分量（千克）=\frac{目标产量（千克）}{100}×百千克产量所需养分量（千克）$$

③土壤供肥量。土壤供肥量可以通过测定基础产量、土壤有效养分校正系数两种方法估算。通过基础产量估算（处理 1 产量），不施肥区作物所吸收的养分量作为土壤供肥量。

$$土壤供肥量（千克）=\frac{不施养分区农作物产量（千克）}{100}×百千克产量所需养分量（千克）$$

通过土壤有效养分校正系数估算，将土壤有效养分测定值乘一个校正系数，以表达土壤"真实"供肥量。该系数称为土壤有效养分校正系数。

$$土壤有效养分校正系数=\frac{缺素区作物地上部分吸收该元素量（千克/亩）}{该元素土壤测定值（毫克/千克）×0.15}$$

④肥料利用率。一般通过差减法来计算。利用施肥区作物吸收的养分量减去不施肥区农作物吸收的养分量，其差值视为肥料供应的养分量，再除以所用肥料养分量就是肥料利用率。

$$肥料利用率（\%）=\frac{施肥区农作物吸收养分量（千克/亩）-缺素区农作物吸收养分量（千克/亩）}{肥料施用量（千克/亩）×肥料中养分含量（\%）}×100$$

上述公式以计算氮肥利用率为例来进一步说明。

施肥区（NPK 区）农作物吸收养分量（千克/亩）："3414"方案中处理 6 的作物总吸氮量。

缺氮区（PK 区）农作物吸收养分量（千克/亩）："3414"方案中处理 2 的作物总吸氮量。

肥料施用量（千克/亩）：施用的氮肥肥料用量。

肥料中养分含量（\%）：施用的氮肥肥料所标明的含氮量。

如果同时使用了不同品种的氮肥，应计算所用的不同氮肥品种的总氮量。

⑤肥料养分含量。供施肥料包括无机肥料与有机肥料。无机肥料、商品有机肥料含量按其标明量，不明养分含量的有机肥料养分含量可参照当地不同类型有机肥养分平均含量获得。

第二节　田间肥效试验及施肥指标体系建立

根据农业农村部及山西省农业农村厅测土配肥项目实施方案的安排和山西省土壤肥料工作站制定的《山西省主要作物"3414"肥料效应田间试验方案》《山西省主要作物测土配方施肥示范方案》所规定标准，摸清兴县土壤养分校正系数、土壤供肥能力、不同作物养分吸收量和肥料利用率等基本参数；掌握农作物在不同施肥单元的优化施肥量、施肥时期和施肥方法；构建农作物科学施肥模型，为完善测土配方施肥技术指标体系提供科学依据。从 2005 年秋播起，兴县农技人员在大面积实施测土配方施肥的同时，安排实施了各类试验示范 73 点次，取得了大量的科学试验数据，为进一步测土配方施肥工作奠定了良好的基础。

一、测土配方施肥田间试验的目的

田间试验是获得各种作物最佳施肥品种、施肥比例、施肥时期、施肥方法的唯一途径，也是筛选、验证土壤养分测试方法、建立施肥指标体系的基本环节。通过田间试验，掌握各个施肥单元不同作物优化施肥数量，基肥、追肥分配比例，施肥时期和施肥方法；摸清土壤养分较正系数、土壤供肥能力、不同作物养分吸收量和肥料利用率等基本参数；构建作物施肥模型，为施肥分区和肥料配方设计提供依据。

二、测土配方施肥田间试验方案的设计

（一）田间试验方案设计

按照《全国测土配方施肥技术规范》的要求，以及山西省农业农村厅土壤肥料工作站《测土配方施肥实施方案》的规定，根据兴县主栽作物为马铃薯和玉米的实际，采用"3414"方案设计。设计方案见表 6-1、表 6-2、表 6-3。"3414"的含义是指氮、磷、钾 3 个因素，4 个水平，14 个处理。4 个水平的含义：0 水平指不施肥，2 水平指当地推荐施肥量，1 水平＝2 水平×0.5，3 水平＝2 水平×1.5（该水平为过量施肥水平）。马铃薯"3414"试验 2 水平处理的施肥量（千克/亩），N 12、P_2O_5 8、K_2O 12，玉米 2 水平处理的施肥量（千克/亩），N 14、P_2O_5 8、K_2O 8，校正试验设配方施肥示范区、常规施肥区、空白对照区 3 个处理。按照山西省土壤肥料工作站示范方案进行。

表 6-1　"3414"完全试验设计方案处理编制

试验编号	处理编码	施肥水平		
		N	P	K
1	$N_0P_0K_0$	0	0	0
2	$N_0P_2K_2$	0	2	2
3	$N_1P_2K_2$	1	2	2
4	$N_2P_0K_2$	2	0	2
5	$N_2P_1K_2$	2	1	2
6	$N_2P_2K_2$	2	2	2
7	$N_2P_3K_2$	2	3	2
8	$N_2P_2K_0$	2	2	0
9	$N_2P_2K_1$	2	2	1
10	$N_2P_2K_3$	2	2	3
11	$N_3P_2K_2$	3	2	2
12	$N_1P_1K_2$	1	1	2
13	$N_1P_2K_1$	1	2	1
14	$N_2P_1K_1$	2	1	1

表 6-2 氮磷二元二次肥料试验设计与"3414"方案处理编号对应

处理编号	"3414"方案处理编号	处理编码	N	P	K
1	1	$N_0P_0K_0$	0	0	0
2	2	$N_0P_2K_2$	0	2	2
3	3	$N_1P_2K_2$	1	2	2
4	4	$N_2P_0K_2$	2	0	2
5	5	$N_2P_1K_2$	2	1	2
6	6	$N_2P_2K_2$	2	2	2
7	7	$N_2P_3K_2$	2	3	2
8	11	$N_3P_2K_2$	3	2	2
9	12	$N_1P_1K_2$	1	1	2

表 6-3 常规五处理试验与"3414"方案处理编号对应

处理内容	"3414"方案处理编号	处理编码	N	P	K
无肥区	1	$N_0P_0K_0$	0	0	0
无氮区	2	$N_0P_2K_2$	0	2	2
无磷区	4	$N_2P_0K_2$	2	0	2
无钾区	8	$N_2P_2K_0$	2	2	0
氮磷钾区	6	$N_2P_2K_2$	2	2	2

（二）试验材料

供试肥料分别为中国石化生产的 46％尿素、云南三环牌 46％重过磷酸钙、俄罗斯生产的 60％氯化钾。

三、测土配方施肥田间试验设计方案的实施

（一）人员与布局

在兴县多年耕地土壤肥力动态监测和耕地分等定级的基础上，将全县耕地进行高、中、低肥力区划，确定不同肥力的测土配方施肥试验所在地点，同时在对承担试验的农户科技水平与责任性、地块大小、地块代表性等条件综合考察的基础上，确定试验地块。试验田的田间规划、施肥、播种、浇水以及生育期观察、田间调查、室内考种、收获计产等工作都由专业技术人员严格按照田间试验技术规程进行操作。

兴县的测土配方施肥"3414"类试验主要在马铃薯和玉米上进行，完全试验不设重复，不完全试验设 3 次重复。2008—2009 年，在马铃薯上已进行"3414"类试验 19 点次，校正试验 24 点次；在玉米上已进行"3414"类试验 20 点次，校正试验 23 点次。

（二）试验地选择

试验地选择平坦、整齐、肥力均匀，具有代表性的不同肥力水平的地块；坡地选择坡度平缓、肥力差异较小的田块；试验地避开了道路、堆肥场所等特殊地块。

（三）试验作物品种选择

田间试验选择当地主栽作物品种或拟推广品种。

（四）试验准备

整地、设置保护行、试验地区划；小区应单灌单排，避免串灌串排；试验前采集了土壤样。

（五）测土配方施肥田间试验的记载

田间试验记载的具体内容和要求如下：

1. 试验地基本情况 包括：

（1）地点：省、市、县、村、邮编、地块名、农户姓名。

（2）定位：经度、纬度、海拔。

（3）土壤类型：土类、亚类、土属、土种。

（4）土壤属性：土体构型、耕层厚度、地形部位及农田建设、侵蚀程度、障碍因素、地下水位等。

2. 试验地土壤、植株养分测试 有机质、全氮、碱解氮、有效磷、速效钾、pH 等土壤理化性状，必要时进行植株营养诊断和中量、微量元素测定等。

3. 气象因素 多年平均及当年分月气温、降水、日照和湿度等气候数据。

4. 前茬情况 作物名称、品种、品种特征、亩产量，以及 N、P、K 肥和有机肥的用量、价格等。

5. 生产管理信息 灌水、中耕、病虫防治、追肥等。

6. 基本情况记录 品种、品种特性、耕作方式及时间、耕作机具、施肥方式及时间、播种方式及工具等。

7. 生育期记录

（1）马铃薯主要记录：播种期、播种量、平均行距、平均株距、出苗期、现蕾期、收获期等。

（2）玉米主要记录：播种期、播种量、平均行距、平均株距、出苗期、拔节期、大喇叭口期、抽雄期、吐丝期、灌浆期、成熟期等。

8. 生育指标调查记载

（1）马铃薯主要调查和室内考种记载：基本苗、小区产量等。

（2）玉米主要调查和室内考种记载：亩株数、株高、单株次生根、穗位高及节位、亩收获穗数、穗长、穗行数、穗粒数、百粒重、小区产量等。

（六）试验操作及质量控制情况

试验田地块的选择严格按方案技术要求进行，同时要求承担试验的农户要有一定的科技素质和较强的责任心，以保证试验田各项技术措施准确到位。

田间调查项目如基本苗、小区产量等。马铃薯采取五点取样，玉米每区全数，室内考种每小区取 1 平方米进行考种。

（七）数据分析

田间调查和室内考种所得数据，全部按照肥料效应鉴定田间试验技术规程操作，利用 Excel 软件和"3414"田间试验设计与数据分析管理系统进行分析。

四、试验实施情况

（一）试验情况

1. "3414"试验　共安排 39 点次。其中，马铃薯 19 点次，分别设在 9 个乡（镇）17 个村庄；玉米 20 点次，分别设在 14 个乡（镇）18 个村庄。

2. 校正试验　共安排 47 点次。其中，马铃薯 24 点次，分布在 11 个乡（镇）19 个村庄；玉米 23 点次，分布在 12 个乡（镇）16 个村庄。

（二）示范效果

校正试验（示范）　完成 47 点次。其中，马铃薯 24 个，通过校正试验两年马铃薯平均配方施肥比常规施肥亩增产马铃薯 199.12 千克，增产 13.84%，亩增纯收益 188.69 元；玉米 23 个点，配方施肥比常规区平均亩增产玉米 1.39 千克，增产 0.36%。

两年来，兴县累计在马铃薯上推广配方施肥 65 万亩，共增产马铃薯 23 595 吨，增加纯收益 3 523 万元；累计推广玉米配方施肥 20 万亩，共增产玉米 11 560 吨，增加纯收益 1 383.4 万元。两项合计两年共增产粮食 35 155 吨，增加纯收益 4 906.4 万元，全县 30 万农业人口人均净增 163.5 元。

五、马铃薯、玉米测土配方施肥丰缺指标体系

（一）作物需肥量、肥料利用率、土壤养分校正系数等施肥参数

1. 作物需肥量　作物需肥量的确定，首先应掌握作物百千克经济产量所需的养分量。通过对正常成熟的农作物全株养分的分析，可以得出各种作物的百千克经济产量所需养分量。兴县马铃薯 100 千克产量所需养分量为 N：0.50 千克、P_2O_5：0.20 千克、K_2O：1.06 千克；玉米 100 千克产量所需养分量为 N：2.57 千克、P_2O_5：1.34 千克、K_2O：2.14 千克，计算公式为：

作物需肥量＝〔目标产量（千克）÷100〕×百千克所需养分量（千克）。

2. 土壤供肥量　土壤供肥量可以通过测定基础产量，土壤有效养分校正系数两种方法计算：

（1）通过基础产量计算：不施肥区作物所吸收的养分量作为土壤供肥量，计算公式：

土壤供肥量＝〔不施肥养分区作物产量（千克）÷100〕×百千克产量所需养分量（千克）。

（2）通过土壤养分校正系数计算：将土壤有效养分测定值乘一个校正系数，以表达土壤"真实"的供肥量。确定土壤养分校正系数的方法是：

校正系数＝缺素区作物地上吸收该元素量/该元素土壤测定值×0.15。

根据这个方法，初步建立了兴县马铃薯、玉米不同土壤养分含量下的碱解氮、有效磷、速效钾的校正系数（表 6 - 4）。

表 6-4　土壤养分含量及校正系数

作物	土壤养分	不同肥力土壤养分校正系数		
		高肥力	中肥力	低肥力
玉米	碱解氮	0.45	0.61	0.72
	有效磷	0.96	1.28	1.25
	速效钾	0.22	0.3	0.29
马铃薯	碱解氮	0.45	0.61	0.72
	有效磷	0.96	1.28	1.25
	速效钾	0.22	0.3	0.29

3. 肥料利用率　肥料利用率通过差减法来求出。方法是：利用施肥区作物吸收的养分量减去不施肥区作物吸收的养分量，其差值为肥料供应的养分量，再除以所用肥料养分量就是肥料利用率。根据这个方法，初步得出兴县马铃薯肥料利用率分别为：N：16.84%、P_2O_5：4.83%；玉米 N：67.48%、P_2O_5：29.42%。

4. 马铃薯、玉米目标产量的确定方法　利用施肥区前 3 年平均单产和年递增率为基础确定目标产量，其计算公式是：

目标产量（千克/亩）＝（1＋年递增率）×前 3 年平均单产（千克/亩）。

马铃薯、玉米的递增率为 10%～15% 为宜。

5. 施肥方法　最常用的施肥方法有条施、撒施、穴施和放射状。推广应用研究条施、穴施、轮施或放射状施。马铃薯采用条施，玉米采用穴施或条施。施肥深度 8～10 厘米（马铃薯、玉米）。马铃薯施肥旱地地区基肥一次施入；水地区磷钾肥一次施入，氮肥分基肥、追肥施入，追肥根据不同情况施入，一是高产田采取基肥占 40%～50%，返青至拔节期占 50%～60% 的施肥原则；二是中低产田，采取基肥占 60%～70%，拔节期为 30%～40% 的施肥原则。

（二）马铃薯、玉米丰缺指标体系

通过对各试验点相对产量与土测值的相关分析，按照相对产量＞95%、95%～90%、90%～75%、75%～50%、＜50% 将土壤养分划分为极高、高、中、极低 5 个等级，初步建立了"兴县马铃薯测土配方施肥丰缺指标体系"。同时，根据"3414"试验结果，采用一元模型对施肥量进行模拟，根据散点图趋势，结合专业背景知识，选用一元二次模型或线性加平台模型推算作物最佳产量施肥量。按照土壤有效养分分级指标进行统计、分析，求平均值及上下限。

1. 马铃薯有效磷丰缺指标及推荐施肥量　兴县马铃薯有效磷丰缺指标及推荐施肥量见表 6-5。

表 6-5　兴县马铃薯有效磷丰缺指标及推荐施肥量

等级	相对产量（%）	土壤有效磷含量（毫克/千克）
极高	＞95	＞10.66
高	90～95	8.03～10.66

（续）

等级	相对产量（%）	土壤有效磷含量（毫克/千克）
中	85～90	6.04～8.03
低	80～85	4.55～6.04
极低	<80	<4.55

2. 马铃薯速效钾丰缺指标及推荐施肥量　兴县马铃薯速效钾丰缺指标及推荐施肥量见表6-6。

表6-6　兴县马铃薯速效钾丰缺指标及推荐施肥量

等级	相对产量（%）	土壤速效钾含量（毫克/千克）
极高	>95	>149.31
高	90～95	103.06～149.31
中	88～90	88.85～103.06
低	85～88	71.13～88.85
极低	<85	<71.13

3. 玉米有效磷丰缺指标及推荐施肥量　兴县玉米有效磷丰缺指标及推荐施肥量见表6-7。

表6-7　兴县玉米有效磷丰缺指标及推荐施肥量

等级	相对产量（%）	土壤有效磷含量（毫克/千克）
极高	>88	>10.6
高	80～88	7.16～10.6
中	75～80	5.61～7.16
低	70～75	4.39～5.61
极低	<70	<4.39

4. 玉米速效钾丰缺指标与推荐施肥量　兴县玉米速效钾丰缺指标及推荐施肥量见表6-8。

表6-8　兴县玉米速效钾丰缺指标及推荐施肥量

等级	相对产量（%）	土壤速效钾含量（毫克/千克）
极高	>95	>164.28
高	90～95	118.27～164.28
中	88～90	103.7～118.27
低	85～88	85.14～103.7
极低	<85	<85.14

第三节　主要作物不同区域测土配方施肥方案

一、马铃薯施肥方案

（1）产量水平 1 000 千克以下：马铃薯产量在 1 000 千克/亩以下的地块，氮肥（N）用量推荐为 4～5 千克/亩，磷肥（P_2O_5）0～1 千克/亩。

（2）产量水平 1 000～1 200 千克：马铃薯产量在 1 000～1 200 千克/亩的地块，氮肥（N）用量推荐为 5～7 千克/亩，磷肥（P_2O_5）2～3 千克/亩，钾肥（K_2O）用量推荐为 6～8 千克/亩。

（3）产量水平 1 200～1 500 千克：马铃薯产量在 1 200～1 500 千克/亩的地块，氮肥（N）用量推荐为 7～8 千克/亩，磷肥（P_2O_5）1～4 千克/亩，钾肥（K_2O）用量推荐为 5～10 千克/亩。

（4）产量水平 1 500 千克以上：马铃薯产量在 1 500 千克/亩以上的地块，氮肥（N）用量推荐为 8～10 千克/亩，磷肥（P_2O_5）3～5 千克/亩，钾肥（K_2O）用量推荐为 12～13 千克/亩。

二、玉米施肥方案

（1）产量水平 400 千克/亩以下：春玉米产量 400 千克/亩以下地块，氮肥（N）用量推荐为 6～8 千克/亩，磷肥（P_2O_5）用量 0～6 千克/亩，钾肥（K_2O）用量推荐为 0～4 千克/亩。

（2）产量水平 400～500 千克/亩：春玉米产量 400～500 千克/亩的地块，氮肥（N）用量推荐为 8～10 千克/亩，磷肥（P_2O_5）用量 6～8 千克/亩，钾肥（K_2O）用量推荐为 2～5 千克/亩。

（3）产量水平 500～650 千克/亩：春玉米产量在 500～650 千克/亩的地块，氮肥（N）用量推荐为 8～10 千克/亩，磷肥（P_2O_5）9～10 千克/亩，钾肥（K_2O）用量推荐为 6～7 千克/亩。

三、谷子施肥方案

（1）亩产 400 千克以上的地块：施肥配方 N-P_2O_5-K_2O 为 22-12-6 掺混肥含 30％的缓释尿素（或相近配方）。

施肥量：在亩施充分腐熟农家肥 3～4 米^3 或精制有机肥 250～350 千克的基础上，施配方肥 40 千克。

（2）亩产 300～400 千克的地块：

施肥配方：有机无机复混肥 N-P_2O_5-K_2O 为 18-7-5，有机质≥15％（或相近配方）。

施肥量：亩施充分腐熟农家肥 3～4 米^3 或精制有机肥 250～350 千克的基础上，亩施有机无机复混肥 40 千克。

（3）施肥方法：

①有机肥撒施在地表后结合土地深翻或旋耕施入土壤。

②作底肥施用的配方肥施肥深度 10～15 厘米；作追肥的尿素施肥深度 5～10 厘米。

四、核桃施肥方案

1. 施肥配方与施肥量

（1）配方 N-P_2O_5-K_2O 为 18-12-9 或相近配方，适用于 4 年以下树龄，在亩施充分腐熟农家肥 3～4 米^3 或精制有机肥 250～350 千克的基础上，亩施配方肥 30～40 千克。

（2）配方 N-P_2O_5-K_2O 为 25-15-10 或相近配方，适用于 4～8 年树龄，在亩施充分腐熟农家肥 3.5～4.5 米^3 或精制有机肥 350～550 千克的基础上，亩施配方肥40～50 千克。

（3）配方 N-P_2O_5-K_2O 为 22-12-16 或相近配方，适用于 9 年以上树龄，在亩施充分腐熟农家肥 4～5 米^3 或精制有机肥 350～550 千克的基础上，亩施配方肥 50～60 千克。

2. 施肥方法　在两行核桃树中间开沟施肥或在树冠正投影下方挖环形沟施肥。施肥深度 30～40 厘米。秋天核桃收获后至土壤封冻前进行施肥。

五、红枣施肥方案

1. 施肥配方与施肥量

（1）推荐配方：N-P_2O_5-K_2O 为 20-10-15 或相近配方。

（2）施肥量：在亩施充分腐熟农家肥 2～3 米^3 或精制有机肥 200～300 千克的基础上，亩产鲜枣 250 千克以下，亩施配方肥 25～30 千克；亩产鲜枣 250～350 千克，亩施配方肥 30～35 千克；亩产鲜枣 350～450 千克，亩施配方肥 35～40 千克；亩产鲜枣 450 千克以上，亩施配方肥 40～50 千克。

2. 施肥方法　在树冠正投影下方挖环形沟施肥或在距树主干 80 厘米左右至树冠外围挖 4～6 条沟施肥。施肥深度 30～40 厘米。秋天枣收获后至土壤封冻前进行施肥。

此外，作物秸秆还田地块要增加氮肥用量 10%～15%，以协调碳氮比，促进秸秆腐解。要大力推广玉米施锌技术，每千克种子拌硫酸锌 4～6 克，或亩底施硫酸锌 1.5～2 千克。同时，要采用科学的施肥方法。一是大力提倡化肥深施，坚决杜绝肥料撒施。基肥、追肥施肥深度要分别达到 15～20 厘米、5～10 厘米。二是施足底肥，合理追肥。一般有机肥、磷、钾及中微量元素肥料均作底肥，氮肥则分期施用。春玉米田氮肥 60%～70% 底施、30%～40% 追施。

图书在版编目（CIP）数据

兴县耕地地力评价与利用 / 牛建中主编 . —北京：
中国农业出版社，2022.6
ISBN 978-7-109-18368-1

Ⅰ . ①兴…　Ⅱ . ①牛…　Ⅲ . ①耕作土壤－土壤肥力－
土壤调查－兴县 ②耕作土壤－土壤评价－兴县　Ⅳ .
①S159.225.4 ②S158

中国版本图书馆 CIP 数据核字（2013）第 222381 号

兴县耕地地力评价与利用
XINGXIAN GENGDI DILI PINGJIA YU LIYONG

中国农业出版社出版
地址：北京市朝阳区麦子店街 18 号楼
邮编：100125
责任编辑：杨桂华　廖　宁
版式设计：杜　然　责任校对：吴丽婷
印刷：中农印务有限公司
版次：2022 年 6 月第 1 版
印次：2022 年 6 月北京第 1 次印刷
发行：新华书店北京发行所
开本：787mm×1092mm　1/16
印张：9　插页：1
字数：220 千字
定价：80.00 元